男のためのハズさないワイン術

竹内香奈子著
Kanako Takeuchi

Forest 2545 Shinsyo

はじめに——男にとって最強の武器になるワイン術

突然ですが、1つ質問させてください。

あなたにとって、「ワイン」とはどんな存在ですか？

「ビールや日本酒、ハイボール、焼酎とともに、アルコール飲料の1つとしてたまに飲む」

「レストランで食事をするときにオーダーする」

「ワイン好きの知り合いに付き合って飲む」

「ワインは多少飲むけれど、何を選んだらいいのかわからないから、適当に選んで飲んでいる」

「ワインセラーを持っていて、毎日のように楽しんでいるよ」

などなど、ワインとの付き合い方、楽しみ方は人それぞれでしょう。

ただ、1つだけお伝えしたいことがあります。

それは、コンビニでも多くのワインが売られるほど身近な存在になっている今、**ワインとの付き合い方、楽しみ方を身につけておくと、男として大きな武器になる**ということです。

「接待」「デート」「ホームパーティ」「家飲み」など、ビジネスでもプライベートでも大きな威力を発揮し、あなたの人生を豊かにしてくれる存在。それが、ワインの隠れた魅力なのです。

そうお伝えすると、

「それはそうなんだろうけれど、ワインって、覚えることやウンチクが多そうで、とっつきにくそう」

と思う方もいるかもしれません。

でも、安心してください。

そんなあなたのために書いたのがこの本です。

玄人好みの難しい「お勉強」は徹底的に省いて、あなたがワイン術を武器にするために、**大事な接待やデート、家飲みでハズさないために、必要最低限の情報だけを凝縮**しました。

ずばり、お伝えします。

品種以外は、基本的にすべて無視でOK。必要なのは、「あなたの好みと、ちょっとの知識とルール」だけです。

◎絶対ハズさないワインの選び方
◎接待で喜ばれるワイン術
◎味の違いを知るためのポイント

◎**できる男と思わせる、ワインの作法**
◎**女性にモテるワイン術**
◎**コスパの高いワインの見つけ方**

など、徹底的に実践的なエッセンスを盛り込みました。

ソムリエとしてのみならず、飲食店などのプロ向けの**ワインコンサルタントとしての経験から導き出した知恵と実践法を完全公開**しています。

知識ゼロの方はもちろん、すでにワイン術を身につけている方にもご満足いただけると思います。

この本が、あなたの仕事やプライベートのお役に立てたなら、著者としてこんなにうれしいことはありません。

２０１７年10月

竹内香奈子

男のためのハズさないワイン術

第1章 今さら聞けない、ワインの超基礎知識

第2章 接待や商談がうまくいくワイン術 ――ビジネス篇

第3章

女性に「センスいいね」と言われるワイン術

――デート篇

第4章

リラックスして楽しめ、予習にもなるワイン術 ――家飲み篇

装幀◎河南祐介（FANTAGRAPH）
本文デザイン・図版作成◎二神さやか
編集協力◎牧野森太郎
DTP◎株式会社キャップス
エグゼクティブプロデューサー◎谷口元一（ケイダッシュ）
マネージメント◎阪口公一（ケイダッシュ）、小林舞子（パールダッシュ）

第1章

今さら聞けない、
ワインの超基礎知識

おいしいワインにたどり着くための第一歩

あなたにとっての「おいしい」って何？

「おいしいワインありますか？」とお客様に聞かれて、「全部おいしいワインですよ」と答える意地悪な私。

だって、初めて会った人から突然、「誰かいい人を紹介してください」と言われても、どういう人がタイプなのか、聞かなければわかりませんよね。

異性と同じでワインも星の数ほど多くのタイプがあり、どれがおいしいと感じるかは個人の好みによって千差万別です。

まずは、自分にとっての「おいしい」を見つけることから始めましょう。

自分の「好み」の見つけ方

「おいしい」を見つけるには、**いろいろなワインを飲んでみる**ことです。

どんな味なのかの感想（表現）はひとまず後にして、自分の好みかどうかを感じてみましょう。

私が働いているショップには「エノマティック」というテイスティング用の機械があり、40種類のワインを30mlずつグラスに注いで飲み比べすることができます。

お客様にワイン選びを相談されると、基準となるワインをエノマティックから注いでテイスティングをしてもらいます。そのワインを基準に**「これより辛口がいい」「これより酸味の少ないのがいい」**などの希望を聞いて、次のワインを選びます。

この作業を繰り返して、お客様の求めている「おいしい」を見つけるお手伝いをしています。

または、同時に違うタイプの5～6種類のワインを飲み比べてもらうこともあります。

その中で一番おいしいと感じたワインに近い味わいのもの、予算に合ったものをご提案させていただいています。

ワインの味を知るための一番簡単で重要な方法

プロ仕様の機械がなくても、いろいろ飲んでみると、自分の好みがわかってくるはずです。

そう、「飲み比べ」は、**ワインの味を知る、自分の好みを知る上で、一番簡単で重要な方法**なのです。

ただ、グラス1杯のワインを飲んで、次に違うワインを1杯飲んで、また……となると、どうしても最初の味の記憶が薄れてしまいます。酔っ払ってしまいますしね。

そこで、**少量ずつグラスに入れて飲み比べる**方法が、やはりベストとなります。

「ワインの味の違いがよくわからない」と言うお客様に飲み比べをしてもらうと、「ホントだ！　味も香りも違う‼」と喜んでもらえます。

これが奥深いワインの森に入る最初の一歩です。

大人数での飲み会やホームパーティで、少しずついろいろなワインを飲み比べしてみるのも楽しいですね。レストランやワインバルに行ったとき、**友人や恋人とそれぞれ違うグラスワインを頼んで飲み比べしてみる**のもオススメです。

「おいしい」が見つかる確率も高くなりますし、「こっちのほうがおいしいね！」と会話も弾むはずです。

自分にとっての「おいしい」は、経験によって変化する

まったくワインを飲まなかった私の妹が1年ぐらい前から飲み始め、今ではワインに夢中になっています。

きっかけは、妹の誕生日に贈った1本のワインでした。妹があまりお酒を飲まないのを知っていた私は、「甘くてアルコール度数の低いジュースみたいなワインなら飲んでくれるかも……。それに泡があれば口当たりがいいし」と考え、**「アスティ」**を選びました。

アスティとは、イタリアのピエモンテ州でモスカート種を使用して造られている甘

口のスパークリングワイン。マスカットジュースを炭酸水で割ったような味わいで、通常のワインと比べると**アルコール度数はやや低めで、ワイン初心者の女の子にウケがよく非常に飲みやすい**のが特徴です。

エチケット（ボトルのラベル）には、妹のイメージにぴったりの元気いっぱいな女の子が描かれていて、まずは見た目のかわいさに喜んでくれました。そして後日、「すごくおいしかった。これ、なんていうワイン？　ワインっておいしいんだね」と、うれしい返事が届きました。

それから妹はワインに興味を持ち、私に相談するようになりました。

妹はお酒があまり強くはないし、まったくのワイン初心者です。最初は甘くて飲みやすいワインばかりを勧めていたのですが、あるとき「甘すぎる」と言われました。

飲んでいくことにより、味覚が変わってきたのです。

ワインを覚えると、わかりやすい味から複雑な味を求めていくようになります。

さらに飲んでいくと、シチュエーションによる「おいしい」がわかってきます。バーベキューでコップ飲みするなら、果実味のある安いワインがおいしい。ワイングラスでゆっくり落ち着いて楽しむなら、複雑味のあるちょっといいワインがおいしい。すっぱいと思ったワインでも、焼いた牡蠣と合わせたらおいしい、などなど。

シチュエーションに応じての「おいしい」が見えてくるのです。

年間に3000種類以上ものワインをテイスティングしている私でも、まだまだ新しい発見がたくさんあります。

「今日は何を食べようか？」と料理を選ぶように、「今日はどのワインを飲もうか？」と、その日の気分でワインを選べるようになったら、カッコいいと思いませんか？

ワインの味は、「ブドウ品種」で決まる

ワインの味を決定する4大要素

ワインの味は何によって決まるのか、考えてみましょう。

味を決定する4大要素は、**「品種」「産地」「ヴィンテージ」「造り手」**です。この中で**最大の決め手となるのは「品種」**です。

ワインは、ただただブドウだけでできたお酒です。

ということは、ワインの特徴はブドウ品種による部分が大きいということです。

確かに同じ品種でも、暖かい地域で造られるか、寒い地域で造られるか(産地)によって味が変わり、ブドウを収穫する年の気候(ヴィンテージ)によっても左右されます。

また、チーズケーキの味がパティシエによって違うように、同じブドウを使っても職人(造り手)によって仕上がりが異なります。

しかし、「産地」「ヴィンテージ」「造り手」の3つの要素は、同じ品種で飲み比べることによって味の違いがはっきりわかるのです。

ブドウ品種がどれだけワインの味を決める重要な要素かがわかりますよね。

おさえておきたいブドウ品種は、赤ワイン3、白ワイン3

では、どの品種を覚えればいいのでしょうか？

生食用ブドウの巨峰やピオーネのように、ワイン用ブドウにも多くの品種がありま す。品種にはそれぞれに個性があり、色合い、香り、味わいなどワインの特徴の基本が決まります。

私が働いているワインショップでは、お客様が選びやすいように品種ごとに分けてワインを並べています。レストランでもワインメニューには、品種が書かれていますよね。

ワインを選ぶとき、ブドウ品種はとても重要なのです。

そう、品種の特徴さえ知っておけば、おいしいワインにたどり着くことができるのです。

とはいえ、ワインに使われるブドウ品種は、イタリアだけで300種類以上、世界には数千種類あります。

えっ！　そんなに覚えるの⁉

いえ、大丈夫です。**おさえておきたいブドウ品種は、赤ワイン3種類、白ワイン3種類。**まずはそれだけで十分です。

赤ワイン

◎メルロー
◎カベルネ・ソーヴィニヨン
◎ピノ・ノワール

白ワイン

◎シャルドネ
◎ソーヴィニヨン・ブラン
◎リースリング

この6種類の特徴を覚えることから始めましょう。
そして、その中から自分の好きな品種を見つけてください。

基準は、赤「メルロー」、白「シャルドネ」

では、赤ワインから試してみましょう。

まずは、メルローを飲んでみます。**メルローを基準**にして、もう少し重たいのがいいなと思ったら、カベルネ・ソーヴィニヨンがいいでしょう。反対に、もう少し軽いのがいいなと思ったら、ピノ・ノワールを試してみてください。

色が濃く重たく渋みが最もあるのが、カベルネ・ソーヴィニヨン。色も味も軽快で最も渋みが少ないのがピノ・ノワール。

メルローは渋みもほどよくあり、ちょうど中間と覚えておいてください。


次は、白ワイン。

まずは、シャルドネを飲んでみます。**シャルドネを基準**にして、もう少しすっきりした味がいいなと思ったらソーヴィニヨン・ブラン。もう少しフルーティな味がいいなと思ったらリースリングを試してください。

このように、赤ワインはメルロー、白ワインはシャルドネを基準として、6つの品種のおおまかな味を体で感じ、覚えておくといいでしょう。

ブドウ品種の特徴を動物にたとえて覚える──赤ワイン篇

それぞれの特徴を簡単に覚える方法

覚えておく品種は赤3と白3のたった6種類。レストランはもちろん、スーパーやコンビニにもたいてい置いてある品種です。この6品種を基準にすれば、他の品種も選べるようになります。

しかし、6品種とはいえ、聞いたこともない、噛んでしまいそうな長いカタカナの品種名と特徴を覚えるのはなかなか難しいですよね。

そこで、わかりやすく楽しんでもらうために、それぞれのブドウ品種の特徴を動物にたとえてみました。

まずは、赤ワイン篇です。

赤ワイン3品種の特徴は、こんな動物イメージ

●カベルネ・ソーヴィニヨン——力強い王様「ライオン」
この名前は、聞いたことがある人は多いでしょう。

世界中で栽培されている赤ワインの王道的な品種で、世界で最も有名で人気のある黒ブドウです。私が初めて飲んで覚えた品種でもあります。

ボルドーの主要品種で、あの5大シャトーにも使われており、ボルドーではブレンドして使用されています。**深みある色合いと酸味、さらに渋みが強い**のが特徴。プラムやブルーベリー、チョコレートの香り。**重みとコクがあり、力強くて男性的**な感じがします。しっかりした骨格は、まるで動物の王様のライオンのようです。

●ピノ・ノワール――華やかで気難しい女王様「ヒョウ」

ブルゴーニュの主要品種で、気候や土壌を選び栽培するのが難しい黒ブドウ。単一で使われることがほとんどです。

世界最高級のワインとして知られる「ロマネ・コンティ」もピノ・ノワール100%で造られています。

渋みが少なく酸味が高く、軽くてフルーティなのが特徴。ラズベリーやチェリーの香りの他、キノコ類や革製品の香りもします。**複雑で華やかな香りとしなやかで繊細**

な気品ある味わいは女性的な感じがします。

他の品種とブレンドされることがあまりなく、まるで気難しいヒョウのよう。

カベルネ・ソーヴィニヨンとよく比較される品種です。

●**メルロー**――丸みがありおっとりした「カピバラ」
ボルドーの主要品種で、世界中で栽培されています。ボルドーでは、カベルネ・ソーヴィニヨンとブレンドして使われています。

カベルネ・ソーヴィニヨンに香りは似ていますが、カベルネ・ソーヴィニヨンに比べると**渋みと酸味が少なく、まろやかで濃厚**なのが特徴。**丸みがあり、なめらかな口当たりで飲みやすい**ので、女性に人気です。

やわらかい味わいは、まるでおっとりした癒し系のカピバラのようです。

ちょっと知っておくと男が上がる！その他の赤ワイン品種たち

●シラー

ラズベリーやブラックカラントの香りと黒胡椒やシナモンのスパイス（香辛料）の香り。**アルコール度が高くコクがあり、スパイシー**なのが特徴。

オーストラリアでは「シラーズ」と呼ばれています。

●テンプラニーリョ

スペインの代表的な品種です。熟したプラムやイチジクの香りにほんのりバニラの香り。熟成するにつれて花の香りが出てきます。**コクがあり果実味の凝縮された味わい**。渋みも酸味もあるが、果実味が豊富なのでバランスがよく、**ジューシーでまろや**

かな口当たりです。

●ガメイ

ボジョレー・ヌーヴォーに使われている品種です。イチゴやバナナの香り。**渋みが少なくフルーティ**なのが特徴。また、酸味が多くフレッシュな味わいなので、熟成を待たずにすぐに飲めます。

ブドウ品種の特徴を動物にたとえて覚える——白ワイン篇

白ワイン3品種の特徴は、こんな動物イメージ

ここまでお伝えしたとおり、ワインを飲むときには、まずは品種を気にしてみてください。

意識して飲んでみると、「これ！　おいしい」と思った品種が毎回同じだったり、だんだん自分好みの品種がわかってくるはずです。

さて、動物にたとえるシリーズの赤ワイン篇に続いて、白ワイン篇です。覚えやすいようにブドウ品種と動物を重ね合わせてみました。

◉シャルドネ——どんな環境でも仲良くなれる「イヌ」

ブルゴーニュの主要品種で、どんな環境でも育つので世界中で栽培されている白ワインの代表的品種。世界中で最も有名で、人気のある白ブドウです。

これといった特徴がなく、**産地や造り方によってどんな味わいにも変化します**。酸が青リンゴのようなキリッとするものからヨーグルトの乳酸のようにまったりするものまであり、**味の幅が広く、酸味とコクのちょうどいいバランス**があります。

寒い地域では、レモンやライムの香り、温暖な地域では、パイナップルやマンゴーなどトロピカルフルーツの香りがします。樽を使って熟成させることによって、ナッツツやトーストのような香ばしい香りも出てきます。

誰とでも仲良くできて社交的。適応能力があり、みんなの人気者はまるでイヌのようです。

●ソーヴィニヨン・ブラン――大草原にいるクールな「シマウマ」

ボルドーやロワールの主要品種で、世界各国で造られています。また、ニュージーランド産は世界的に高い評価を得ている品種です。以前、ワイナリー研修でニュージーランドに行ったとき、ソーヴィニヨン・ブランの品質の良さに驚きました。

青草、緑、植物系の香りとグレープフルーツのような柑橘系の香りもします。樽を使って熟成させることによって燻したようなスモーキーな香りがするものもあります。**爽やかな酸味とすっきりした味わい**が特徴です。

青草を思わせるグリーン系の香りは、まるで草原を駆け巡るクールなシマウマのようです。

私は、ソムリエ試験のときに「ソーヴィニヨン・ブラン＝青草」と覚えていました。それぐらい**青っぽい草の香り**がするのです。子供の頃、新緑の季節に原っぱで転がって遊んでいたときの草の香りを思い出してみてください。

◉リースリング――ドライになったり甘えたりのツンデレ「ネコ」

ドイツの主要品種で、フランスではアルザスで造られています。

辛口から極甘口までと、味わいの幅が広いのが特徴です。

青リンゴや柑橘系の香りと、しっかりとした酸味と果実味があります。そして、ミネラルが豊富。酸と甘みのバランスがはっきりとあらわれる品種です。

リースリングを飲みたいときには、お店の人に辛口か甘口か聞いてみることをオススメします。

ドライな感じになったり甘えん坊になったりと、まるでツンデレ系なネコのよう。

ちょっと知っておくと男が上がる！
その他の白ワイン品種たち

●ゲヴュルツトラミネール

ライチやバラの華やかな香りとほのかにスパイシーさがあり、香りの高さが特徴。その香りの高さから女性に人気の品種です。

●甲州

日本の固有品種。控えめな香りと酸が特徴。透明に近い色をしており、繊細な和食の味わいを引き立てます。

10秒で自分の「好み」がわかるチャート

自分の好みを知るためには「飲み比べ」が一番オススメなのですが、それよりもっとお手軽に、自分の好みを知りたいというあなたに、10秒で自分の「好み」がわかるチャートを作成しました。

赤ワイン篇（次ページ）、**白ワイン篇**（次々ページ）をそれぞれご用意しましたので、ぜひチャレンジして、あなたの好みを知る参考にしてみてください。

自分の「好み」がわかるチャート
（赤ワイン篇）

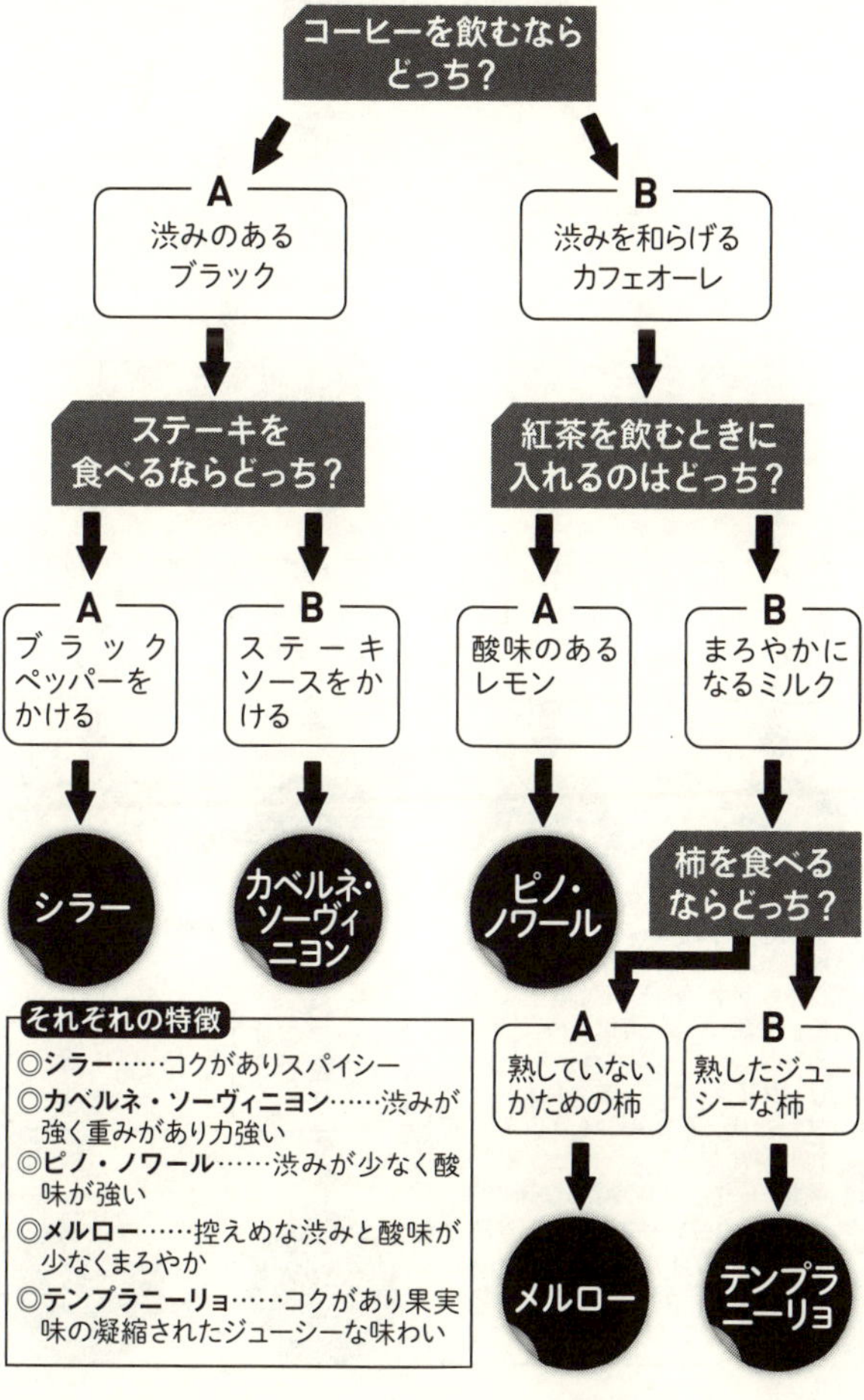

自分の「好み」がわかるチャート
（白ワイン篇）

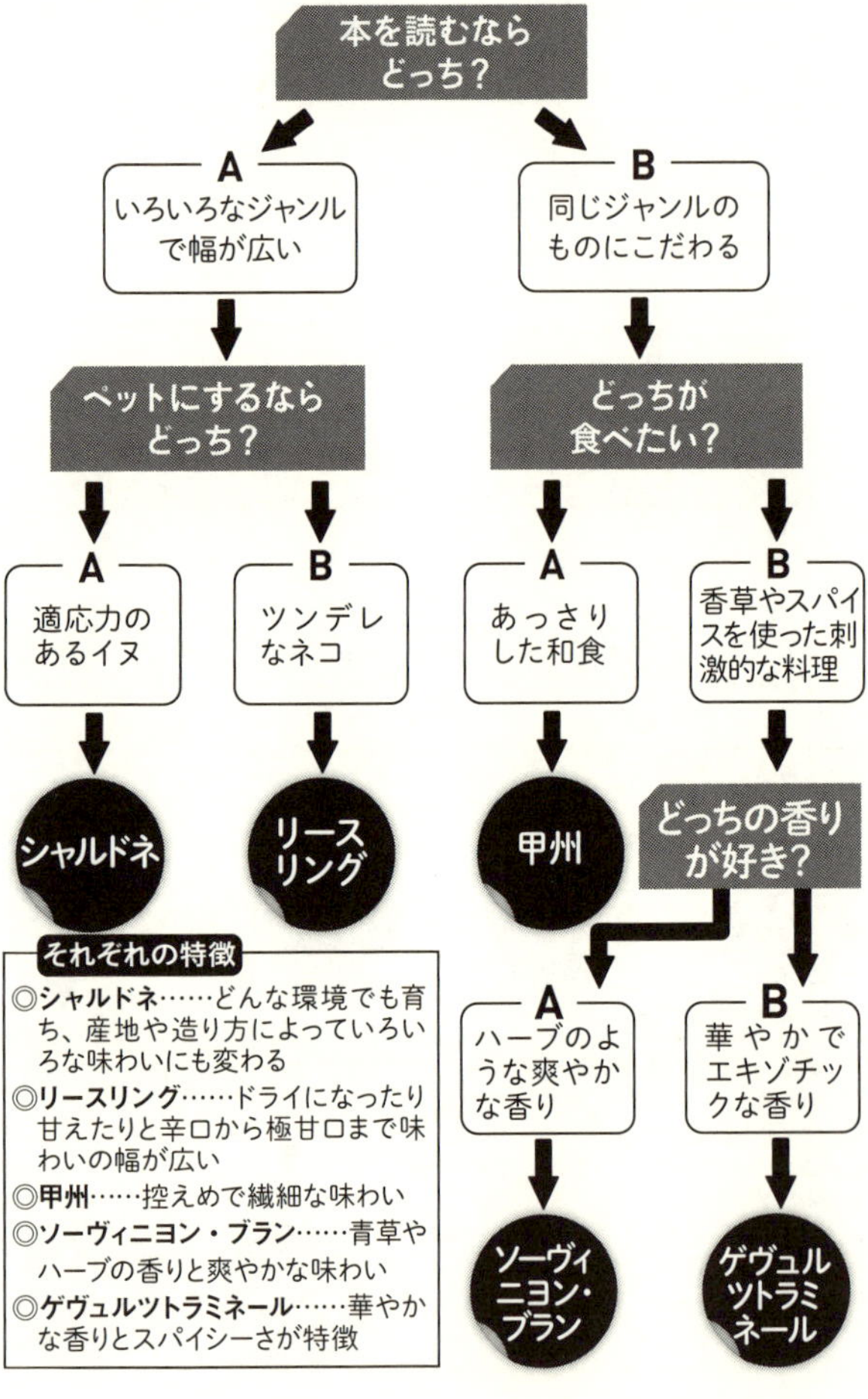

それぞれの特徴

◎**シャルドネ**……どんな環境でも育ち、産地や造り方によっていろいろな味わいにも変わる
◎**リースリング**……ドライになったり甘えたりと辛口から極甘口まで味わいの幅が広い
◎**甲州**……控えめで繊細な味わい
◎**ソーヴィニヨン・ブラン**……青草やハーブの香りと爽やかな味わい
◎**ゲヴュルツトラミネール**……華やかな香りとスパイシーさが特徴

ブドウ品種の特徴をガッチリつかめる最適ワイン

「単一品種」の飲み比べの後に、「ブレンド」の飲み比べ

ワインには、１つのブドウ品種から造られる**「単一品種」**のワインと複数のブドウ

を混ぜて造られる**「ブレンド」**があります。

ブレンドは、味のバランスを整えてよりおいしくするために行ないます。また、年ごとの味のばらつきをなくすために、ブドウ品種の比率を毎年変えることも珍しくありません。

ブドウ品種の味を知るためには、まずは単一品種のワインから飲んでみましょう。

ソムリエの二次試験には、テイスティングの課題があります。

そのため、私が働いているお店では、二次試験が近づくと受験生がブラインドテイスティングができるようにテイスティングマシンに入れるワインを単一品種にしています。ブドウ品種の特徴をつかむためには、単一品種を飲み比べることが何と言っても近道です。

それぞれの品種の味や特徴がつかめたら、ブレンドに挑戦してみましょう。ブレンドを体験すると、バランスのよさやワインの奥深さがより見えてきます。

単一品種の味を学ぶなら、ニューワールド

ワインの産地は、大きく**「旧世界」**と**「新世界（ニューワールド）」**に分けられます。なんだか世界史の授業みたいですね。

旧世界とは、フランス、イタリア、ドイツ、スペインなどワイン造りの歴史が古い国々を指します。つまり、ヨーロッパのほとんどの国が旧世界となります。

一方、**新世界（ニューワールド）**とは、アメリカ、チリ、オーストラリア、ニュージーランド、南アフリカなど、南半球を中心としたワイン造りの歴史が浅い国々のことを言います。

旧世界はブレンドが主流で、**ニューワールドは単一品種が多い**傾向にあります。

さらに、ニューワールドのエチケットには品種名が表記されていることが多いので、わかりやすくて品種の特徴を学ぶのに便利です。

また、ニューワールドのワインは、飲んだ瞬間に味わいが広がり、判別しやすいのが特徴です。したがって、ビギナーが好きな品種を探すのに向いていると言えます。

品種の特徴をつかむのに最適！自転車のマークの「コノスル」

そうはいっても、ニューワールドにも数多くのワインがあります。そこで品種の特徴をつかむのに最適なワインを紹介しましょう。

それは、**「コノスル」**のヴァラエタルシリーズです。**品種の個性がはっきりとあらわれている、コスパ抜群のチリワイン**です。スーパーやコンビニにも置いてあるので手に入りやすく、８００円前後と価格もお手頃です。

このシリーズには、赤ワインはカベルネ・ソーヴィニヨン、ピノ・ノワール、メルロー、カルメネール、シラーと5種類あり、白ワインにもシャルドネ、ソーヴィニヨン・ブラン、リースリング、ゲヴュルツトラミネール、ヴィオニエと5種類の品揃えがあります。

まずは、代表品種の**カベルネ・ソーヴィニヨン、ピノ・ノワール、メルローを飲み比べ**てみましょう。色、香り、渋みの違いがはっきりとわかるはずです。

そのときに、**簡単でいいのでメモを取る**ことをオススメします。ワインの見識は記憶にかかっていると言っても過言ではありません。フレッシュな印象を記録に残すことは重要です。

コノスルは、自転車のエチケットが目印です。飲み比べ10本セットで安く販売しているサイトもありますよ。

これからワインを飲むときには、ブドウ品種を気にするようにしてください。品種ごとに色や味が違うことを知ると、興味が深まります。「おいしいー！」と思う品種が毎回同じだったり、苦手な品種と出会ったりと、いろいろな発見もあるはずです。そうすると、次第に自分の好きな品種が見えてきます。

自転車マークが目印
「コノスル」ヴァラエタルシリーズ

赤ワイン

①コノスル　カベルネ・ソーヴィニヨン

②コノスル　ピノ・ノワール

③コノスル　メルロー

④コノスル　カルメネール

⑤コノスル　シラー

白ワイン

⑥コノスル　シャルドネ

⑦コノスル　ソーヴィニヨン・ブラン

⑧コノスル　リースリング

⑨コノスル　ゲヴュルツトラミネール

⑩コノスル　ヴィオニエ

ワインの国別の味わいは国民性に似ている——旧世界篇

ワインは世界中で造られており、それぞれの地域ごとに気候や土壌、醸造方法によって特徴はさまざまです。

同じ国でも造られる地方によって性格が違ってきますが、ここではわかりやすく国別に、ワインの特徴と国民性を見ていきましょう。

おもしろいことに、**国のイメージとワインの特徴には共通点**を感じます。まずは、

「旧世界」篇です。

気品あふれるフランス――飲めば飲むほどおいしさが増す

代表的な産地はボルドーとブルゴーニュで、数々の高級ワインがこの2つの地方で造られています。他にも有名な産地はいくつかあり、南フランスでは低価格でコスパの高いワインが多く造られています。

ワインはフランス全域で造られており、それぞれの土地に適したブドウ品種がはっきりしています。超高級なものからお手頃なものまで、多種多様なワインが造られていて、まさにワイン王国！

ボトル、味わい、醸造方法など、世界中のワイン造りの基準となっています。

ニューワールドのわかりやすい味わいとは違い、**繊細で品があります**。飲んだ瞬間、「パッとおいしい！」というよりは**「ゆっくりおいしさが出てくる」**といった感じでしょうか。複雑で奥が深い味わいなのです。

飲めば飲むほどおいしさが増していくのが、フランスワインの魅力と言えるでしょう。

また、フランスではワインに関する厳しい法律があり、製造に関するルールが厳格に定められています。

気品がありマナーに厳しく、初対面では無愛想ですが、だんだん心を開いてくれるフランス人の国民性と似ていますね。

自由でおおらかなイタリア——品質と価格が一致しない⁉

イタリアは、生産量や輸出量のトップをフランスと争うほどのワイン大国です。国土が南北に長く気候が変化に富み、20州すべてでワインが造られています。その土地でしか栽培されない地ブドウである土着品種を含め、ブドウ品種が少なくても300

種類以上もあります。

そのため、**バラエティ豊か**なワインが造られており、特徴をつかむことは難しく、**当たり外れが大きく分かれます**。

イタリアワインのおもしろいところは、**品質と価格が必ずしも一致しない**という点です。

フランスと同様にイタリアにもワインの法律があるのですが、楽観的でおおらかなイタリア人はワイン法の規制にこだわらず、自由な発想で個性的なワインを造っています。

ワイン法に従わなかったために高品質のワインなのにランク付けが下になることもよくあるのです。

ということは、**格付けではわからない隠れたワインとの出会いがある**ということ。

そこがイタリアワインの魅力と言えるでしょう。

情熱のスペイン——熟した果実と濃厚さを感じるパワフルな味わい

ブドウの栽培面積が世界第1位の国です。さんさんと降り注ぐ太陽によって、豊かな果実味のワインが生まれます。

代表的な品種は、赤の**「テンプラニーリョ」**。

熟した果実と濃厚さを感じるパワフルな味わいはまるで情熱的なスペイン人のよう。

スパークリングワインでは「カヴァ」が有名です。カヴァはお手頃価格なのに、シャンパンと同じ製法で造られていて高品質。**コスパが高い**ので世界中から人気があります。日本でもコスパの高いスパークリングワインとして知られています。

他には、ワインにフルーツとスパイスを漬け込んで作る**「サングリア」**。もともとスペインの家庭で作られていたもので、日常的に飲まれています。

また、3大酒精強化ワインの1つであるシェリーも忘れてはいけません。こちらも情熱の味です。

努力家のドイツ――話題の「アイスワイン」でも有名

ドイツワインは**約7割が白ワイン**です。甘口のイメージが強いかもしれませんが、辛口も多く造られています。

辛口は、キリッとした酸があり、すっきりした味わいです。甘口でも酸があるので、甘ったるくなく爽やかな甘さのものが多いです。

代表的な白ワインの品種は、「リースリング」。

寒冷な地域で造られるためブドウの糖度が低くなります。そのため、寒さに強い品種を開発したり、収穫時期を遅らせたり、凍った状態のブドウを収穫したりとブドウの糖度を上げる努力をしています。

ブドウ作りに向いていない寒冷な土地で試行錯誤してワインを造るというところが

まじめなドイツ人をあらわしています。

また、**貴腐ワインやアイスワインなどのデザートワイン**も有名です。

控えめなポルトガル――食文化が日本に似ていて、和食にも合う

日本に初めて伝えられたワインがポルトガルの赤ワインと言われています。まじめで控えめな性格や食文化が日本と似ているところがあり、**和食にも合う**ワインが造られています。他には、3大酒精強化ワインに数えられるポートワインとマデイラが世界的に有名です。

また、緑のワインと呼ばれるフレッシュな微発泡ワイン「ヴィーニョ・ヴェルデ」は、お手頃価格でカジュアルに飲むことができます。アルコール度数が低いので、ビール感覚で飲めます。夏の暑い日に「ビール代わりに緑のワインでもどう？」なんて注文したらおしゃれ度が上がりますよね。

ワインの国別の味わいは国民性に似ている――ニューワールド（新世界）篇

ストレートでわかりやすいアメリカ――ボリュームのある、わかりやすい味わい

アメリカワインの生産量のなんと90％がカリフォルニアで造られています。カリフォルニアは最高のワインが造られている地域で、香りが非常に高くて有名な高級ワイ

ン「オーパス・ワン」もここで生まれています。

また、オレゴン州の「ピノ・ノワール」も高品質なものとして有名です。

ニューワールドの中で、アメリカは旧世界に劣らない存在となっています。それは、アメリカ人の競争心が強く負けず嫌いなところが、**最先端の科学とともに研究を重ね高品質のワインを造り出している**からです。

昔、ボルドーの造り手がカリフォルニアへこっそり隠れてワインの醸造法を学びに行ったという話を聞きました。今は堂々と学びに行っているのだとか……。それほど最先端の技術があるのでしょう。

ボリュームのあるしっかりとしたワインが造られており、**香りや果実味が飲んだ瞬間ドカーンと感じられます**。繊細というよりは**わかりやすい味わい**で、テンションが高く感情をストレートに表現するあたりは、まるでアメリカ人のよう。

アメリカ国内でポピュラーな「ジンファンデル」という赤の品種があります。渋みが少なく、凝縮した果実とかすかにスパイシーさも感じます。イタリアでは、「プリミティーヴォ」と呼ばれています。

陽気でわいわいオーストラリア——バーベキューでカジュアルに飲む

代表的な品種は、赤の「シラーズ」です。フランス・ローヌを原産地とするシラーという品種なのですが、オーストラリアではシラーズと呼ばれています。**豊かな果実味とスパイシーさ**があります。シラーズの生産量は世界第1位です。

ドーンと大きなお肉を焼いて楽しむオーストラリア人のバーベキュー文化から造られたのか、**バーベキューでカジュアルに飲むタイプ**が多く、安くておいしく気軽に飲めるのが魅力です。気取らずに陽気でみんなでわいわい楽しむオーストラリア人のようです。

大自然、草原を感じるニュージーランド——ワイン初心者にオススメ

代表的な品種は白の「ソーヴィニヨン・ブラン」です。**すっきりした酸があり爽やかな味わい**が魅力です。フランスのソーヴィニヨン・ブランと比べると、青草、ハーブ、レモンなどの香りが高く、ほどよい果実味があるので、**ワイン初心者の方にオススメ**です。

ニュージーランドで造られているソーヴィニヨン・ブランの3分の2以上は、マールボロ地方で造られています。

マールボロのソーヴィニヨン・ブランは昼夜の寒暖差が大きいため、ブドウが酸を保ちながら凝縮した果実となるので、特徴ある酸味が生まれ、世界的に評価されています。

赤では「ピノ・ノワール」が代表品種で、セントラル・オタゴが有名な地域です。

大自然を感じるワインは、まるで自然を愛する寛容的なニュージーランド人のようです。

99%のワインが、コルクではなく、スクリューキャップ栓を使用しています。

穏やかな安定チリ——高品質なワインを安く輸出し、世界中から人気

代表的な品種は赤の「カベルネ・ソーヴィニヨン」です。温暖な気候のため果実味が強く渋みの少ない味わい。**ワイン初心者の方がちょっぴり重たい赤ワインを飲みたいときにオススメ**です。

また、チリ独自の「カルメネール」という赤の品種があります。なめらかな口当たりで、メルローによく似ています。

チリワインはコスパがよく、日本でも安くておいしいと評判になりました。それに、**高級ワインにしても価格のわりに品質が優れています**。関税の影響もあり、今や日本

での輸入量が第1位となっています。

高品質なワインを安く輸出しているので世界中から人気があります。ブドウ栽培に適した気候と土壌で、ワイン用ブドウを絶滅の危機に追いやったフィロキセラという害虫の被害を受けていない国でもあります。

ブドウ栽培に恵まれた環境なので、上質のブドウが育つため手間をかけなくてもおいしいワインが安価で造れるのです。穏やかなチリ人のように**安定した味わいで外れることはめったにありません**。万人受けするワインです。

個性的なアルゼンチン――肉に合うしっかりした赤ワイン

チリと同様、昼夜の寒暖差が大きく豊かな日照に恵まれ乾燥しているので、病害虫も少なくブドウ栽培に適しています。

アルゼンチンは世界有数のワインの生産国です。ほとんど国内で消費してしまうため、あまり世界に知られていませんでしたが、近年ではワインの輸出量も増加しています。アルゼンチン人は毎週末焼肉パーティをすると言われるほど肉料理をよく食べます。そのため、**肉に合うしっかりとした赤ワインが多く、品質も優れています。**

代表的な品種は、赤の「マルベック」と白の「トロンテス」です。

マルベックは渋みが少なくまろやかな味わいが特徴です。ヨーロッパではほとんどブレンドでしか使用されない品種ですが、アルゼンチンでは単一でも使用されており、**世界で最も高品質なマルベックが楽しめます。**

トロンテスは白い花のような華やかな香り。赤も白も果実味たっぷりのワインです。全体的にコスパが高く、個性的なアルゼンチン人を感じるワインです。

素朴で純粋な南アフリカ――環境にやさしい、コスパの高いワイン

最高品質のブドウに恵まれ、ワイン造りに適した環境です。さらにその環境を守る

ため、環境にやさしいワイン造りを目指しています。**世界でもトップクラスの厳しい環境基準**が決められています。

自然を守り、自然を愛する、素朴で純粋さのある南アフリカ人。ワインの味わいにも大地の香りや自然を感じます。

ワイン造りにかかわるコストが安いため、安価でおいしいワインが楽しめます。

南アフリカ独自の品種は、赤の「ピノタージュ」です。「ピノ・ノワール」と「サンソー」の交配品種です。

安くておいしいコスパの高いワインが多く、1000円ぐらいでワインを見つけるなら、南アフリカは期待を裏切らないでしょう。

5000円もしたら、間違いなく「おいしい」にたどり着けるはずです。

私も南アフリカワインに魅了されています。これからもっともっと発展していくと期待しています。

繊細で奥ゆかしい日本――どんどんおいしくなっている、期待大のワイン

日本の気候と土壌はワイン用ブドウの栽培には向いていません。雨は多すぎるし、湿度は高く、その上収穫時には台風がやってくる可能性があります。

しかし、日本人特有の細かい作業と工夫によって日本独自のブドウ品種が誕生し、日本のワインはどんどんおいしくなっています。

日本固有の代表品種は、**白の「甲州」**と**赤の「マスカット・ベーリーA」**です。

「甲州」は、香りは控えめで、ほどよい甘みと酸味があり、わずかに苦みを感じるあっさりとした味わい。透明に近い薄い色が特徴。主張が少ないので、素材の味を大切にする和食によく合います。日本人の真面目で繊細な仕事がよくあらわれており、世界的にも注目を集めています。

「マスカット・ベーリーA」は黒ブドウの「ベーリー」と白ブドウの「マスカット・

ハンブルグ」の交配品種で、渋みも酸味も少なく控えめで旨みがあり、甘くないブドウジュースのよう。

また、トウモロコシのような穀物の甘い香りがします。日本でもっともワインを造っているのが山梨で、その次が長野です。

まだまだ発展途上ですが、これから高品質なワインが造られていくと思います。

実際に飲んで記憶しておきたい、ワインの5つの「味わい」

お客様に「渋いワインはどれですか？」「酸味の少ないワインをください」などと聞かれます。

ワインが持つ味わいは、基本的に**「渋み」「酸味」「果実味」「アルコール」「余韻」**の5つの要素から構成されています。

ワインの味の要素を、実際に飲んで記憶しておけば、このお客様のように自分の好みの味を表現できるようになります。

●渋み

渋いものを口に入れたときに、顎の横がギュッと感じることはありませんか？

私は、ソムリエ二次試験のテイスティングの勉強のとき、大師匠に**「ほっぺの下あたりがギュッと感じたら、タンニンが強いワインだよ」**と教わりました。

そのとおり！　渋みを強く感じるとギュッとなるのです。

「渋み」は、ブドウの果皮と種に含まれているタンニンという成分によるもの。主に、**赤ワインを表現するときに使われる言葉**です。

なぜなら、赤ワインはブドウの果皮と種も一緒に発酵させて造るので、ワインの中にタンニンが溶け出すのです。一方、白ワインはブドウの果皮と種を取り除き、果汁だけで発酵させるので、ほとんど渋みは出ないのです。

おさえておきたい3つの赤ワイン用ブドウ品種を説明しましたが、覚えていますか？「カベルネ・ソーヴィニヨン」「メルロー」「ピノ・ノワール」ですね。

この3品種は、渋みの強さをわかりやすく感じることができます。最も渋みがあるのが、カベルネ・ソーヴィニヨン。最も少ないのが、ピノ・ノワール。そして、その中間がメルローです。

3つの品種を飲み比べると渋みの違いがわかりやすいので試してみてくださいね。

◉酸味

酸味とは、言葉のとおり「酸っぱい」ということ。酸味はワインの旨みの大きな要素で、**赤ワインにも白ワインにも使われる表現**です。

酸味は甘みとのバランスが重要になってきます。甘みが強いと酸は弱く感じ、逆に酸味が強いと甘みを感じなくなります。

トマトソースを作るときに、トマトの酸味をまろやかにするために、私は甘みのあるハチミツを入れます。その感覚に近いものがあります。

冷涼な地域で栽培されたブドウから造られたワインは酸味が強く、温暖な地域で栽培されたブドウから造られたワインは酸味が控えめでまろやかに感じます。

白ワインでは辛口の「リースリング」、赤ワインでは「ピノ・ノワール」が酸味の強い品種です。酸味を感じてみてください。

●果実味

口に入れた瞬間、果実の風味が前面に出ることをあらわします。辛口であっても果実味が多いと甘く感じることがあります。そのため飲みやすいので、**ワイン初心者の方は果実味が多いタイプを好みます**。

冷涼な地域で栽培されたブドウから造られたワインは果実味が少なく、温暖な地域で栽培されたブドウから造られたワインは果実味が多くなります。

つまり、ニューワールドのワインは果実味が強く、旧世界のワインは果実味が弱くなる傾向があります。**しっかりと果実味を感じたい方は、ニューワールドのワイン**を飲んでみてくださいね。

●アルコール

他の要素とのバランスによって変わりますが、**アルコール度数が高いほど、コクと力強さが感じられます**。

ワインは、ブドウの持つ糖分がアルコールに変わります。ですから、温暖な地域で栽培されたブドウは糖度が上がるので、アルコール度数も上がるというわけです。

●余韻

ワインを飲み込んだ後に口の中に残る味わいや鼻に抜けた後に残る香り、それが余韻です。**余韻が長ければ長いほど、上質のワイン**と言えます。

超実践的！　恥ずかしくない「味わい」を表現する言葉リスト

ドラマティックな言葉はいらない

「ワインって難しい……」と敬遠される理由として、「味わいの表現法がよくわからない」と言う声をよく耳にします。

「まるでメリーゴーランドのような……」や「森の奥へ行くと湖があらわれたような……」など、複雑な表現を想像するからでしょうか？

こんなドラマティックな言葉なんていらないのです。

だって、初めてのデートで「まるで草原を駆け抜ける少女のよう」なんて表現したら、完全に引かれますよね（笑）。

単純に**「おいしい！」「このお料理と合うね」「これ！　飲みやすい」**と表現するほうがお互いに楽しく、わかり合えます。

ただし、ワインショップやスーパーでワインを選ぶときやレストランやワインバーで店員さんに選んでもらうために、覚えておくと役立つ表現がいくつかあります。

白とロゼを選ぶときに使う――「甘口」「辛口」

お客様に「甘口のワインはありますか？」「これより辛口のワインを探しているの

ですが……」などと尋ねられます。

「甘口」「辛口」は、ワインを選ぶときによく使われる表現です。この表現は、**基本的には赤ワインには使わず、白ワインやロゼワインに使われます。**

その理由は、赤ワインのほとんどが辛口だからです。赤ワインは糖分を完全にアルコール発酵させるため、ほとんど糖分が残らないのです。

「甘口」「辛口」は、ワインの中の糖分によって決まります。ブドウには果糖とブドウ糖が含まれています。その糖分が、酵母によって二酸化炭素とアルコールに変わりワインとなります。

つまり、**発酵によってブドウ由来の糖分がアルコールに変わるのですが、この糖分がアルコールに変わる程度によって残糖量が違ってくる**のです。

糖分をほとんどアルコールに変えてしまえば辛口のワインになり、糖分の一部しかアルコールに変わっていないうちに発酵を止めてしまえば、糖分が残り甘口ワインになるというわけです。

甘口とは甘いこと、辛口とは甘くないことを表現しています。

例えば、サイダーのような砂糖が入っている炭酸水とペリエのような砂糖が入っていない炭酸水を飲み比べてみると、サイダーよりペリエは甘くないですよね。ということは、ペリエは「辛い」という表現になります。

ライトボディだからといって、初心者向きとは限らない――「ライトボディ」「ミディアムボディ」「フルボディ」

スーパーでワインを選んでいるとき、ワインの裏ラベルに「ボディ」という表記を見たことはありませんか？

ワイン売り場のＰＯＰやレストランのメニューにも書いてあるところもあります。

「ボディ」は、主に赤ワインに使われる表現で、口の中で感じるワインの重みやコクを表しています。

「重たいワインが好き！」「このワインより軽いのが飲みたい」という言い方を耳にしますよね。

軽いワインがライトボディ、重たいワインがフルボディ、中くらいのものがミディアムボディと表現されます。

では、そもそも**「重い」「軽い」**とは、どういうことなのでしょうか？

重さとは濃さのことで、濃さの違いによって「重い」「軽い」に分けられます。

例えばコーヒーの場合、エスプレッソとアメリカンを比べてみると、エスプレッソは色も味も濃く、アメリカンは色も味も薄いですよね。ということは、エスプレッソは「重い」となり、アメリカンは「軽い」となります。

つまり、**色の濃いコクがあるワインが「重いワイン」**、**色の薄いあっさりしたワインが「軽いワイン」**です。また、アルコール度数の高いワインは重いワインとなる傾向にあります。

先日、ワイン初心者の私の妹が「飲みやすいと思って『ライトボディ』を選んだんだけど、酸っぱくてあまりおいしくなかった」と言っていました。

ライトとは軽いというだけで、もしそのワインが酸味が強かったり、果実味が少ないと飲みにくく感じてしまいます。

よく、「ワイン初心者にはライトボディが飲みやすい」という話を聞きますが、そんなことはありません。フルボディでも果実味が豊富なものは飲みやすく、初心者向きなのです。

しっかりとしたコクのある重たいワインを飲みたかったら**「フルボディ」**、渋みもコクも少なく軽いワインを飲みたかったら**「ライトボディ」**、軽すぎず重すぎずほどよくコクのあるワインを飲みたかったら**「ミディアムボディ」**を選びましょう。

ラーメンでたとえると、「あっさり塩味？　こってりとんこつ味？　ちょうど中間のしょうゆ味？　今日はどんな気分？」という感じでしょうか。

黒胡椒を嗅いだときの香りがあるかないか——「スパイシー」

昔、スパイシーがわからないと私の大師匠に聞いたら、「手を出して」と言われ手のひらに黒胡椒を乗せられました。「この香り」と言われて嗅いだときの、**ピリッとした香り**。そう、この香りをワインの中に見つけたら、そのワインは「スパイシー」と表現します。

赤のブドウ品種「シラー」や「テンプラニーリョ」によくあらわれます。白では「ゲヴュルツトラミネール」のほのかな後味にスパイスを感じます。

スパイシーなワインには香辛料（スパイス）を使った刺激のある、まさしくスパイシーなエスニック料理がよく合います。

一目置かれる、その他の「味わい」の表現集

●「樽の香り」

コーヒーの焙煎、焼きたてのトースト、チョコレート、バニラなど香ばしい香りのことを言います。

●「ミネラル」

ミネラルとは、ワインに含まれているカリウム、ナトリウム、マグネシウム、カルシウムなどの成分のことです。

水でたとえると、コントレックスのような水がワインに含まれているということです。コントレックスは水道水と飲み比べてみると、その違いがわかりますよね。

普通の水道水よりも硬度の高いミネラルウォーターのほうがしっかりとした味わい

を感じることができます。

ミネラルは、ワインに深みを与える要素です。

●「フルーティ」

果実の香りを感じることをあらわします。

香りを指す言葉なので、「香りはフルーティだったけれど、飲んだら果実味が少なくすっきりした味わいだった」という香りと味にギャップを感じるワインもあります。人はギャップに弱いもの。女性でたとえると、「派手な見た目からは想像できないほど、古風な性格だった」という感じでしょうか。

いかがですか？

味わいを表現する言葉を知っておけば、人に伝えることができ、自分の好みのワインにたどり着く確率が高くなります。つまり、自分の「おいしい」と出会えるのです。

エチケット（ラベル）の読み方

ワインの身分証明書

ワインのラベルは、「エチケット」と呼ばれています。エチケットはワインの身分証明書みたいなもの。

「いつ」「どこで」「どんなブドウから」「誰が造ったのか」「どのようなランクか」などの情報がだいたい載っています。

ただ、エチケットに記載されているのは、造られた国の言語なので（例えばフランスワインはフランス語、イタリアワインはイタリア語で書かれています）、その国の言葉を理解していないと、読み取るのは難しいかもしれませんね。

また、エチケットの表記の仕方は国によって違います。

記載パターンは、大きく「旧世界」と「ニューワールド（新世界）」に分かれます。

「旧世界」のエチケットの特徴

旧世界はワインの歴史が長く、フランスやイタリアではワイン法がしっかりと定められています。ワイン法が厳しい地域ほど、エチケットに情報があまり載っていません。ブドウ品種が書かれていないこともあります。

というのも、**ワイン法で品種が決められていることが多く、地域名を見れば自ずと品種がわかる**からです。

例えば、ブルゴーニュ地方の赤ワインであれば、「ピノ・ノワール」と決まっているわけです。

ですから、**産地から品種を判定する知識が必要**になります。これはちょっと敷居が高いですね。

でも、覚えておくと、箔がつきます。

また、エチケットからランク付け階級がわかるものも多くあります。**産地名が狭い範囲になるほど、高級ワインとなる**のです。

日本でたとえると、関西地方よりも大阪府のほうが高級で、さらに中央区というほうが、そして東心斎橋と書いてあるほうが、より高級になります。

「ニューワールド」のエチケットの特徴

ニューワールドは単一品種で造られることが多く、ほとんどブドウ品種が書かれています。ですから、とてもわかりやすく、味の想像がつくので、**自分の好みのワインを選びやすい**のです。

ワインの名前の覚え方

ワインの名前のつけ方も**「産地名」「ブドウ品種」「生産者」「オリジナルの名前」**など国によって異なります。

名前が長かったりして覚えるのが大変なワインは、**エチケットのデザインで覚える**のも1つの手です。

私が働いているショップにも「羊が飛んでいるワインちょうだい」や「ウサギがキスしているワインある?」などエチケットで聞いてくるお客さんはたくさんいます。「招き猫のワイン」「カエルのワイン」など、特徴的なデザインを店員に伝えれば探してくれるはずです。

初心者でもボトルの形で、ワインの特徴を見抜ける

ワインのボトルは、3タイプ

初心者にとってワインのエチケット（ラベル）を読み解くのは容易ではありません。フランス語やイタリア語など造られた国の言語で書かれていますし、読めたとして

も、どんな味わいかまではわかるはずもありません……。

ボトルやエチケットを見ただけで味がわかればいいのに……と思う方も多いのではないでしょうか?

実は、あるんです！　見た目から味がわかる便利な方法が。

ワインボトルは、形によって味わいや産地、ブドウ品種がだいたい決まっているのです。

ということは、ボトルの形と味わいを結びつけて覚えておけば、ボトルを見ただけでワインの味や産地がわかるというわけです。

しかも、**覚えておきたいのは、たった3つの形だけ**。

世界中のワインがおおよそ3つのタイプに分類できるので、これら3タイプさえおさえておけば、だいたいの味の特徴がつかめます。

「ボルドー」タイプ——いかり肩

フランスのボルドー地方の伝統的なボトルなのでボルドー型と呼ばれ、**いかり肩**をしています。**ワインボトルの代表的な形**で、世界中で使用されています。

ボルドーでは、2種類以上のブドウをブレンドしており、赤ワインに使用が認められている品種は、「カベルネ・ソーヴィニヨン」「メルロー」「カベルネ・フラン」「マルベック」「プティ・ヴェルド」の5種類です。基本的には、カベルネ・ソーヴィニヨンとメルローが主体となっています。

ボルドータイプはタンニンが強く、熟成により澱《おり》が瓶に溜まります。ワインを注ぐときに澱が入らないように肩の部分で受け止められるように、いかり肩になっているのです。

この形のボトルに入っている味の傾向は、**赤ワインは渋みが強く、濃厚でしっかり**

としています。**白ワインはソーヴィニヨン・ブランが主流で、すっきり爽やかな辛口が特徴**です。

貴腐ワインにも使用されているので、とろみのある天然の極甘口のものもあります。

「ブルゴーニュ」タイプ——なで肩

フランスのブルゴーニュ地方の伝統的なボトルなのでブルゴーニュ型と呼ばれ、**なで肩**をしています。このボトルも世界中で使用されています。

ブルゴーニュは、ボルドーとは違い、基本的にブドウは単一品種です。ブドウ品種は主に、赤ワインは「ピノ・ノワール」で白ワインは「シャルドネ」です。

ブルゴーニュタイプはタンニンが少なく、澱が出にくいので澱を受け止めなくてもいいなで肩になっています。

この形のボトルに入っている**赤ワインは渋みがほとんどなく、酸味が強くすっきり**

した味わいで、**白ワインは濃厚でコクのある**ものが多いと言えます。

「アルザス(ドイツ)」タイプ――すらっと背が高くてスリム

すらっと背の高いスリムなボトルで、フランスのアルザス地方やドイツで使われていてアルザス（ドイツ）型と呼ばれ、**ほとんどが白ワイン**です。ブドウ品種は、「リースリング」や「ゲヴュルツトラミネール」がよく使われています。

この形のボトルに入っているワインの味の傾向は、**すっきりとした酸のある味わいや、フルーティで甘酸っぱい白ワイン**が多いと言えます。

最近では、ラングドックやリオハなど暑い地域でも増えていて「涼しげな白を造ったよ〜！」的なシグナルになっています。

ボトルの形は、大きく3種類

「ボルドー」タイプ

「ブルゴーニュ」タイプ

「アルザス（ドイツ）」タイプ

澱が入らないように「いかり肩」になっている。

澱が出にくいので、澱を受け止めなくてもいい「なで肩」になっている。

すらっと背が高いスリムなボトル。

世界中のワインのほとんどが「ボルドー型」「ブルゴーニュ型」「アルザス型」を使っており、ブドウ品種や味わいもボルドー、ブルゴーニュ、アルザスに倣《なら》って採用する傾向にあります。

透明ボトルは、「早く飲んでね！」の合図

ボトルの形から味わいがわかりましたね。

では、ボトルの色からは、何がわかるのでしょうか？

ワインは、光を嫌い暗い場所で保管します。ボトルに色があるのは、光によるワインの劣化を防ぐため。つまり、**色をつけることで光を通しにくくしている**のです。

何年も寝かせておくワインには濃い色のボトル、早く飲むワインには透明に近い色のボトルを使います。

白ワインは、薄い緑色と茶色が多いですよね。透明なボトルが多いのは、長期熟成するものが少ないからです。それに比べ、**赤ワインは長期熟成させるものが多いため、ほとんどが濃い緑色**のボトルです。

ただ、赤ワインには1つだけ例外があり、透明なボトルがあります。

それは、「ボジョレー・ヌーヴォー」です。

ボジョレー・ヌーヴォーは熟成するものではなく、新酒のフレッシュさを楽しむ赤ワインです。

透明なボトルは、「早く飲んでね」という合図なのです。

第2章

接待や商談がうまくいくワイン術
——ビジネス篇

なぜワインを勉強するビジネスマンが増えているのか?

ワインが商談結果を決める!?

最近、私が働いているお店にはビジネスマンのお客様が増えており、ワインエキスパートを目指している方や、ワインの知識を身につけるため、会社帰りにワインスクールに通う方もいます。

なぜワインの勉強に精を出すビジネスマンが増えているのでしょうか？

ビジネスの場で最も大切なのは相手との信頼関係を築くこと。実は**人と人とが出会い、つながりを深めるコミニュケーションツール**として、ワインが活用されているからなのです。

海外、**特に欧米ではワインの知識は必須で、商談の際にはワインが出される**のはごく普通のこととなっています。

日本もだんだんと同じような傾向になっているようです。

国籍も関係なく、共通の楽しみを分かち合えるワインは、今や世界共通の言語と言えるでしょう。

相手をゆっくり、じっくり知るチャンス

とはいえ、「ワインってマナーとか難しそうだし、あまり詳しくないので、会食や接待でワインのあるお店は避けたいな……」と思っている方も多いのも事実です。

しかし、ワインをビジネスシーンで使うメリットが大きいことを考えると、そんな理由で避けてしまうのは損です。

まず、ソムリエがワインを注いでくれるので、**お酌に気を使わず話に集中**できます。

それに、**ワインはゆっくりと時間をかけて料理とともに楽しむものなので、じっくりと相手を知るチャンス**にもなります。

相手がワイン好きの方だったら会話も弾みますよね。

アメリカに海外赴任されていた取引先の方の接待でカリフォルニアワインを選んだら、「よく赴任先でカリフォルニアワインを飲んでいたんだ、懐かしいな」と会話が

盛り上がり、取引先との距離が縮まったと、お客様から伺ったことがあります。

アメリカでは生産量の90%をカリフォルニア州が占めていますので、当然飲んだことがあったのですね。

生産国は世界各国に広がっているので、さまざまな国のワインがビジネスの場では活用できます。

このようなワインを活用するポイントをつかめば、不安に思っていたワインの席でのマナーや立ち居振る舞いも怖くなりますよ。

では、一緒に学んでいきましょう。

成功する人は、なぜワインを飲んでいるのか？

豊富な種類と奥深さが、知識欲と好奇心を刺激する

ビジネスで成功した方には、ワイン好きが多いように感じます。また、ワイナリー

を所有する有名人もたくさんいます。

なぜ、仕事ができる人はワインに魅了されていくのでしょうか？

ワインは星の数ほどあると言われています。ブドウ品種だけでも世界には5000種類以上が存在し、それがさまざまな場所で育てられています。また、同じ品種を多くの造り手が手がけ、ヴィンテージによって出来栄えが変わります。

つまり、ブドウ品種×産地×造り手×ヴィンテージ×熟成度によって数え切れないほどのワインが造られるのです。

一生のうちにどれくらいのワインを飲み、どれくらいのことを知ることができるのか。**追求すればするほど奥が深く、新たな発見がありおもしろいテーマ**です。どれだけ学んでも終わりがなく、さらに興味が湧くばかりです。**その奥深さが、ビジネスに意欲的な人の知識欲を刺激し、好奇心をかきたてる**のではないでしょうか。

そして、**知的好奇心の強い人だからこそ、仕事でも成功する**のではないかと思います。

お客様から「ワインイベントを通じて、普段出会えないような成功者とのつながりを持つことができた」「ワインの話をして取引先の方との距離が縮まった」などといった話をよく聞きます。

仕事のできる人にワイン好きが多いのなら、**ワインを好きになることが、成功した人と近づけるチャンス**になるかもしれませんね。

晩餐会でワインが出る理由

大きな晩餐会《ばんさんかい》では、ワインが振る舞われます。ノーベル賞授賞式の晩餐会で出されたワインは○○やホワイトハウス主催の晩餐会ワインは○○、エリザベス女王主催のバッキンガム宮殿での晩餐会ワインは○○など、ワインの銘柄やヴィンテージが毎回、話題になっていますよね。

欧米では、**外交手段の一つ**として晩餐会に出すワインでメッセージを伝えることもあります。それほどワイン文化が浸透しており、ビジネスの場においてもワインは活用されています。

国内外で急増する財界人、有名人が所有するワイナリー

ワインに魅了され、ワインにはまり、ついにはワイナリーを所有して、実際にワイン造りにかかわる有名人がいます。

カプコン創業者の辻本憲三氏が、既存のワイナリーを買うのではなく、ゼロから出発し長い歳月をかけて立ち上げたワイナリー「ケンゾーエステイト」や、**トランプ大統領**が所有する「トランプ・ワイナリー」がよく知られています。トランプ大統領はバージニア州にあるワイナリーを買収し、現在は醸造学を学んだ彼の息子がオーナー

となって、ワイン造りを行なっています。

その他に、映画監督やプロゴルファー、サッカー選手など一流の方たちが所有するワイナリーが世界中に存在しています。

その一部をご紹介しますので、ビジネスの場での話のネタにご活用くださいね。

●フランシス・フォード・コッポラ・ワイナリー

「ゴッドファーザー」や「地獄の黙示録」で知られる映画監督のフランシス・フォード・コッポラ氏が、1975年にカリフォルニアのナパヴァレーの歴史あるニーバム・エステートの一部を購入して設立したワイナリーです。

●アーノルド・パーマー・ワインズ

傘のロゴで有名なプロゴルファー「アーノルド・パーマー」ブランドのワイン。故パーマー氏とルナの創業者であるマイクムーン氏は長年の友人で、その縁で始まった一流同士のコラボワインです。２００３年にアーノルド・パーマー・ワインズとして、カリフォルニアのナパヴァレーにワイナリーが設立されました。

●ボデガ・イニエスタ

スペインのプロ・サッカーリーグの名門クラブであるＦＣバルセロナのＭＦであり、スペイン代表チームのメンバーであるアンドレス・イニエスタ氏が、スペインのラ・マンチャに所有するワイナリーです。

●イル・パラジオ

映画「レオン」の主題歌で知られるイングランド出身のミュージシャン、シンガーソングライター、俳優であるスティング氏が所有するイタリアのトスカーナにあるワイナリーです。

著名人が所有するワイナリーのワインの詳細は、http://2545.jp/takeuchi/ から**無料ダウンロード**できます。**本書の読者限定の特典**です。ぜひご活用くださいね。

ビジネスでワインを武器にするための重要なステップ

接待は事前準備が9割——戦略的なお店選びの極意

「ワインのおかげで人脈が広がった」という、うれしい声をよく聞きます。
ワインはビジネスを円滑に進める重要な潤滑油であり、ワインを味方にすれば、あなたの魅力はぐっとアップします。

その武器を身につけるための基礎知識を紹介しましょう。


お店の雰囲気を知るために、**ネットでなく、必ず電話で予約**をしましょう。

なぜなら、**電話の対応でお店の質がわかる**からです。電話対応の悪いお店は、当日のサービスも期待できないので、避けたほうがいいでしょう。

接待では事前準備が大切なので、**予約の際にいろいろと相談**をします。

そのときに自分の味方となるよう、きちんと相談に乗ってくれるお店を選ぶのも大切なポイントです。

予約で必ず伝えておくべき3つのこと

では、会食や接待の日程が決まったらどうしたらいいのでしょうか？

接待を成功させるカギは、なんと言っても事前準備。通常の予約の際には、日時や人数を伝えるだけで構いませんが、**接待の場合にはいくつかの伝えておきたいポイント**があります。

①予算

ワインの予算は必ず伝えておきましょう。

どれぐらいの予算かをソムリエに伝えておけば、料理に合ったワインを選んで提案してくれます。ワインに詳しいゲストの場合は、その旨をソムリエに伝えておきます。

②どんなシチュエーションか

接待で使うことをはっきりと伝えておきましょう。しっかりと状況を把握できたほうがお店側も対応がしやすくなります。

例えば、料理は常にゲストを先にする必要がありますし、ワインを注ぐ順番もあります。その際にゲスト側とホスト側のそれぞれの人数も伝えれば、それにふさわしい席も提案してくれます。

③ゲストのワインや料理の好み

ゲストの好きなワインや好きな料理、アレルギーや食事の量など、知っている情報を伝えます。

また、誕生日や記念日などがわかれば、お店に相談するのもいいですね。

レストランの中には、デザートにゲストの会社のロゴやメッセージを入れてくれることもあるので、聞いてみてはいかがでしょうか。

当日は早めに到着する

当日は、**10〜15分早めにお店に到着して、ソムリエと最終確認**をしましょう。

そこでは、ゲストの嫌いなものや好きなもの、ワインの好みなどを再確認します。テーブルの場所を確認して、あらかじめ席を決めておくことも大切です。

接待のときの席次、席配置はとても重要です。

店全体のテーブルの配置にもよりますが、基本的には奥がゲスト、続いてその左です。幹事は手前の通路に近い側に座ります。

気をつけておきたいのは、景色のよいところの場合。

外が見える席をゲストに勧めがちですが、意外に「景色を背負う」席を上席とすることが多いのです。

いずれにせよ、幹事は事前に店と打ち合わせておくのがベストです。そのときは、席次のみならず、あらかじめサービス順を店に伝えておくといいでしょう。

ワイン注文のかじとりは、常にあなた

ワインの注文は、事前に予約でソムリエと相談しているので安心ですね。

当日に注文する際には、**ゲストがワインに詳しいからと言って、ゲストにワイン選びをすべてお任せするのはＮＧ**です。

招かれた側は、価格を気にして気を使い、安いものしか選べなくなります。

「俺（私）はそんなにワイン詳しくないのにな……」と困っているかもしれないわけです。

そんなときは、ホストが「あまりワインに詳しくないので、お店の人と相談しながら決めましょう」と注文するのが一番スマートです。

ゲストにテイスティングをさせてはいけない

テイスティングをゲストにお願いするのは、やめてくださいね。

ついつい「私はわからないので」とゲストに振ってしまっている人がいますが、それは、**ゲストに毒味をさせているようなもの**です。

傷んでいないか、適正な温度かを見る程度ですので、堂々と行ないましょう。

サッと済ませ、**「おいしいですね」「わぁ！　いい感じなので早くお客様に注いでください」**などと、期待をふくませるコメントを添えると満点です。

ワインを注いでもらうのをスマートに断る方法

接待の場ですし、あまり酔ってしまうのはよくありません。

「もう十分……」というときに**ワインを注がれそうになったら、ワイングラスのふちを軽く合図程度に指先で触れる**ようにしましょう。それが「もう結構です」のサインとなります。

声に出して断ると、他の方もつられて遠慮してしまいます。また、盛り上がった話に水を差しかねませんので、そっと指で触れるわけです。

本当に飲めない人は、**最初の乾杯だけ少し注いでもらい、あとは「ソフトドリンクをお願いします」としたほうが、相手も察しがついて、むしろ楽**です。相手や他の人のワインの分け前も増えますし、間違って注がれることもなくなります。さらに言うと、ソフトドリンクをおかわりするぐらいだと、みんなも遠慮なくワインも飲めます。

事前に相手の情報をリサーチする

できる男が集めている事前情報の中身

接待や会食では、事前に相手の情報をリサーチしておきましょう。料理に関する好きなものや苦手なもの、好みのワイン、相手の自宅の住所または最寄り駅を調べておくと、お店選びの参考になります。

また、手土産選びのために相手の好きなもの、または配偶者の好きなものも知っておくと、役に立ちます。

接待をする以上、相手に喜んでもらうこと、相手の印象に残らなければ意味がありません。だからこそ、事前リサーチは必ずするべきです。

誕生日、出身地、好きなスポーツ、ペットは飼っているか、好きな動物、趣味など相手の情報を集めます。

「どうしてこんな情報が役に立つの？」と思った方が多いかもしれませんね。

実は、おおいに役に立つのです。

ワインのある接待では、ワインや料理に関係のない情報でも役立つことが多いのです。それは、ワインには造り手の想い、エチケットや名前の由来などさまざまなストーリーが隠れているからです。ワインに込められた豊富なストーリーをきっかけに、思わぬ話に花が咲くかもしれません。

ですから、**ほんの些細なことでもいい**ので、相手の情報を集めましょう。

サッカーや野球、ゴルフなどのスポーツに関するワインや、ネコ、イヌ、ライオン、ヒツジなど動物に関するワイン、映画や音楽、車などの趣味に関連するワインもたくさんあります。

相手の好きなものにまつわるワインとともに、込められたストーリーを話したら喜んでもらえることでしょう。

もしも相手がそんなにワインに詳しくなかったとしても、自分の好きなものと関連したワインなら喜んでもらえますし、ただ飲んでおいしいというよりは、ストーリー性があれば、インパクトが大きいと思います。

相手が海外経験のある方でしたら、**赴任地をリサーチ**します。あらゆる国でワインは造られていますので、赴任先のワインを用意することができます。

その当時に飲んだワインはきっと懐かしいと喜んでもらえることでしょう。

ヴィンテージをおおいに活用する

ワインはエチケットにヴィンテージが記載されています。**ヴィンテージとは、ブドウの収穫年のこと**です。

そう、**生まれ年**に造られたワインを選ぶのに役に立ちます。

ご本人はもちろん、配偶者やお子様の誕生日も知っておくと使えますよ。

また誕生年だけでなく、**会社の創立年、役職の就任年、株式上場年、各種記念の年**などで探すと幅が広がります。その他に、結婚記念の年など、相手の周辺を事あるごとに調べておくと、ベターです。

第三国のワインを用意しておく

相手がどこの国のワインが好きなのか、リサーチしましょう。

例えば、イタリア好きの方は、フランスワインを嫌う場合があり、またその逆もあります。もし相手がイタリア好きの場合、フランスワインを出してしまうと、機嫌を損ねてしまう可能性があるのです。

そのようなことにならないように、**第三国のワインを用意しておくと安心**です。

あなたの株を上げる！接待で喜ばれるワイン＆手土産

ひと味違った印象づけをするなら、こんなワイン

事前にリサーチした相手の情報をもとに、実際にワインを用意しましょう。お店を予約するときに、「こんなワインはありますか？」と探してもらいます。

では、どんなワインが喜ばれるのでしょうか?

●ゲストにゆかりのある国のワイン

海外出張や海外赴任の経験のあるゲストには、訪れた国のワイン。現地でワインを飲んだ思い出やその国での話で会話が盛り上がることでしょう。

●ゲストの記念年に造られたワイン

エチケットの年号表記は、その年に収穫されたブドウで造られたワインであることを意味しています。

ゲストの記念の年や両社のプロジェクトが成功した年、会社の創立年、役職の就任年、株式上場年などのワインはきっと心に残るはずです。

●生まれ年のワイン

見つかれば喜ばれますが、良いコンディションかどうか判断が分かれます。相手が40歳の場合、40年前に造られたワインとなるわけですから、ワインの状態が心配ですね。なるべく幅広いエリアから探すと良いものが見つかりますよ。予算の幅も広がるので、コストが下げられることもあります。

フランスのボルドー、ブルゴーニュやイタリアのピエモンテ、トスカーナ。あるいは、カリフォルニア、オーストラリアなど、探す範囲を広げてみるのもアリです。

あるいは、ポルト、マデイラ、アルマニャック、コニャック、カルヴァドスなどの酒精強化ワインは持ちがいいので、古いものは見つけやすいと思います。

●趣味や好きなものに関係するワイン

事前にリサーチした情報をもとに、その情報と関係するワインをお店の人に探してもらうのもアリです。ゴルフ、野球、サッカー、動物、映画、音楽など趣味や好きなものに関係するワインはたくさんあります。

超有名ワインは避けたほうがいい!?

有名ワインは一見、喜ばれそうですが、**人によってはすごく有名なワインを嫌う場合もあります**。

例えば、ドン・ペリニヨンというシャンパンが「ドンペリ！　ドンペリ！」と騒がれ有名になりすぎて、良くないイメージを持っている方もいます。

その場合、超有名ワインは避けるか、話の中で探りながら選んだほうがいいですね。「あんなもの、有名なだけ」と言われるのもしゃくですし、せっかくのいいワインと料理がまずくなります。

超有名ワインは、略さないほうがいい

ドンペリに限らず、超有名ワインは概して略して呼ばれることが多いものです。

例えば、「ロマネ・コンティ＝ロマコン」「ドン・ペリニヨン　ロゼ＝ピンドン」「オーパス・ワン＝オーパス」など。

これらは決して品のいい呼び方ではなく、もし相手が気に入っているワインだった場合、**「小バカにされた」**と受け取られかねません。

このような短縮した呼び名は慎んだほうがいいでしょう。

ワイン好きな相手へのとっておきの手土産

接待で重要になってくるのが手土産です。

相手の方がワイン好きの場合、どんな手土産を用意したらいいのでしょうか?

いくらワインが好きでも、フルボトルでは重くて荷物になりますよね。

そこで使えるのが、**ハーフボトルのワイン**です。

軽くて持ち運びも便利ですし、375mlとワイングラス3杯分なので、「奥様とどうぞ」と、一緒に楽しんでもらうことができます。奥様のご機嫌取りにいいかもしれませんね。**単身赴任で一人暮らしの方への手土産にも最適**です。

他には、オープナー、グラス、注ぎ口シート、ラベルはがし、シミ取り、保冷バッグなどワイングッズが喜ばれます。

小道具は自分でなかなか買わなくても、あると便利なものが多いのです。気軽さとお手頃なところが相手に気を遣わせません。

話のネタになるおもしろいワイングッズもあります。**話のネタになるワイングッズ**を私のほうでセレクトしたPDFは、http://2545.jp/takeuchi/ から**無料ダウンロード**できます。ぜひご活用ください。

できる男と思わせるワインを飲む前の作法

覚えておきたいちょっとした作法

ワインが好きな女性とのデート。ワインが豊富なお店を選んで予約はしたものの、「作法が難しそうだな……」なんてドキドキした経験はありませんか？

ワインは奥深い嗜好品である前に、食事のときにいただく飲み物です。好きなように飲んで楽しみを感じればいいのです。

でも、せっかくのデートなら「カッコよくスマートに決めたい！」と思いますよね。できる男と思わせるために、ちょっとした作法を覚えておくと、デートだけではなく、ビジネスシーンでも活用できますよ。

グラスの持ち方

ワイングラスは、丸い本体を「ボウル」、脚の部分を「ステム」と言います。

ステムを指で持つのが、カッコよく見えてスマートです。

たまに、ブランデーグラスを持つようにステムを指で挟み、ボウルを手のひらで包み込むように持っている人を見かけますが、この持ち方だと体温でワインが温まり香りや風味が損なわれてしまいます。ステムを指で持ちましょう。

グラスの回し方

レストランでグラスを回している人を見たことはありませんか？

ワイングラスをクルクル回すことを「スワーリング」と言います。スワーリングは**ワインを空気に触れさせて、香りや味わいを変化させる**ために行ないます。

ボトルにずっと閉じ込められていたワインは、空気に触れさせることで酸化が進み、酸味や渋みが丸くなって、味がまろやかになるのです。

これを「ワインが開く」と表現します。

ただし、**回しすぎには注意**が必要です。

ワインを覚えると、ついついグラスをクルクル回したくなります。決して悪いことではないですが、お客様の前では控えておきましょう。

開いたワインは、短時間でさらに変化することはないので、何回もグルグルと回す必要はありません。

回せば回すほどおいしくなるわけではないのです。

カッコよく決めるには、**2〜3回クルクル回すので十分**です。


では、どの方向に回したらいいのでしょうか？

それは、**自分に向けて回す**のがマナーです。

もしワインがこぼれても、周囲の人にかからないようにするためです。右利きの人は反時計回り、左利きの人は時計回りと覚えておくと便利です。

上手に回せるかな……と不安な人は、グラスを宙に浮かしてスワーリングするより、テーブルの上で回すほうが安定して、やりやすいですよ。水を入れたグラスで練習しておくことをオススメします。

乾杯の仕方は、グラスによって違う？

乾杯のとき、「グラスをぶつけるのは無作法」とよく耳にしますが、その理由は、薄くて繊細なワイングラスは割れてしまうから。

つまり、割れないように、乾杯すればいいのです。

ワイングラスをそっと合わせるのは問題ありませんし、ワインバルや居酒屋などでコップやロックグラスで乾杯するのなら、「カチーン」と勢いよくぶつけても問題ありません。

高級レストランで薄くて高価なワイングラスが出されたときは、グラスを胸の高さまで持ち上げて、ぶつけることなく、相手の目を見て「乾杯」と言いましょう。

ホスト・テイスティングは、サラッと流す

ホスト・テイスティングは、通常、デートでは男性側、接待では招いた側が行ないます。

それは、もともと**毒味の意味がある**からです。

中世ヨーロッパでは、会食の際にワインに毒が盛られていることが多かったのです。そこで、招いた側（ホスト）が招かれた側（ゲスト）の前で「このワインには毒は入っていませんよ」という意味で飲んで見せたことから、「ホスト・テイスティング」が始まったと言われています。

ソムリエが注いでくれた少しばかりのワインを見て、「どうすればいいんだろう⁉」と、戸惑った経験がある人もいるかもしれませんね。でも、悩むことはありません。とても簡単な作業です。

グラスに注がれたワインをサッと1〜2回スワーリングしてからひと口飲んで、「お願いします」。それで終わりです。

ホスト・テイスティングとは、ブショネ（コルクが傷みワインが劣化して異様な香りがしていないか）を確認するために行ないます。

正常な状態かわからなくても、ソムリエが先に確認しているので、サラッと流してしまいましょう。サラッと済ませたほうが、かえってスマートです。

とはいうものの、できる男をさりげなくアピールするチャンスでもあります。ワンステップ上の**カッコいいホスト・テイスティング**も紹介しましょう。

ちらっと色を見る　↓　香りをさっと確認する　↓　そっと飲んで味を確認する
↓　「うん」とうなずき、ソムリエにひと言「お願いします」

でも、あまり時間をかけすぎると、かえってカッコ悪いのでご注意を。ゲストも早く飲みたいですしね。

ほんの10秒の流れるようなカッコいい仕草でテイスティングしてみてくださいね。

ワインが正常な状態であるか確認する作業をホスト・テイスティングと言い、ワインに異常があれば、新しいものと交換をしてくれます。

注意したいのは、**決してワインが好みに合っているかどうかの確認作業ではない**ということ。

好みに合わないからと言って別のワインに交換を要求すると、当然、交換前のワインの料金も請求されます。

ついつい誰かに話したくなるワイン豆知識

シャンパンとスパークリングワインの違いとは?

発泡性のワインをすべてシャンパンだと思っていませんか?
お客様に「シャンパンありますか?」と聞かれ、シャンパンをご案内すると、「もっと安い1000円台のものがほしい」と言われることがあります。
スパークリングワインのことをシャンパンと呼んでいる人は意外と多いのが現実です。私の父もそうでした（笑）。

シャンパンとは、フランスのシャンパーニュ地方で造られたスパークリングワインのこと。さまざまな条件のすべてを満たさなければ、シャンパンと名乗ることができないのです。

その条件とは、ブドウ品種は「シャルドネ」「ピノ・ノワール」「ピノ・ムニエ」を使用すること。3種類をブレンドしても単一でもどちらでもかまいません。
さらに、**シャンパーニュ製法**と呼ばれる特定の製法（瓶内二次発酵）で造られていることが条件となります。

見分ける方法は簡単です。エチケットに必ず「CHAMPAGNE」と書かれています。

スパークリングワインとは、発泡性ワインの総称のこと。ですから、シャンパンはスパークリングワインの中の1つのカテゴリーなのです。
シャンパンの条件を覚えておけば、おいしいスパークリングワインがシャンパンの半額以下で見つけられるようになります。
例えば、シャンパン以外にも、瓶内二次発酵で造られているスパークリングワインがあります。
代表的なのは**「クレマン」「カヴァ」「フランチャコルタ」**の3本。これはぜひ知っておいてください。

シャブリとは?

白ワインで有名な「シャブリ」。ワインが好きな方なら「飲んだことがある」と言う人も多いでしょう。「牡蠣にはシャブリ」と覚えている人もいるかもしれませんね。

シャブリは、フランスのブルゴーニュ地方の最北に位置する**シャブリ地区**で造られた**白ワイン**で、ブドウ品種は**シャルドネ**と決まっています。

キリッとした酸味と豊富なミネラルが特徴です。それは、シャブリ地区の冷涼な気候が酸を生み出し、牡蠣や貝殻の化石がゴロゴロ転がっている石灰質の土壌（キンメリジャン）に海のミネラルがたっぷり含まれているからです。

くれぐれも「シャブリの赤ちょうだい」なんて言わないようにご注意を。

知っているようで知らない!? ボジョレー・ヌーヴォーを再チェック

ワインをあまり飲まない方でもボジョレー・ヌーヴォーという名前を聞いたことがあるでしょう。毎年、秋になると「ボジョレー・ヌーヴォー解禁」とデパートやスーパー、コンビニなどでにぎやかに宣伝されます。

ボジョレーとはフランスのブルゴーニュ地方の南にある**ボジョレー地区**のことで、**ヌーヴォーとはフランス語で新しいもの**という意味。

つまり、ボジョレー・ヌーヴォーとは、ボジョレー地区でその年に収穫されたブドウで造られる新酒のことです。ブドウ品種は、「ガメイ」を使用することが決まっています。

もともとは、地元のブドウ農家が豊作に感謝するお祝いのために造った、いわば**収穫祭のお神酒**のようなものでした。また、その年のブドウの出来を確認する意味合いもあります。

世界中に輸出されるボジョレー・ヌーヴォーのうち、その約4分の1が日本向けです。すごいことですよね。なぜ、日本ではボジョレー・ヌーヴォーはこんなに騒がれるのでしょうか？

ボジョレー・ヌーヴォーの解禁日は、毎年11月の第3木曜日と決まっています。

解禁日は世界共通ですが、時差の関係で日本は本場フランスよりも早く飲むことができるのです。新しいもの好きの日本人にとってはかなり魅力的ですよね。

それに、**少し冷やしたほうがおいしく飲める**ので、冷たい飲みものが好きな日本人の口にぴったりなのです。

通常の赤ワインは、冷やすと渋みが際立って飲みにくくなる場合がありますが、ボジョレー・ヌーヴォーは渋みが少ないので、冷やしてもおいしく飲めます。冷蔵庫で1時間ぐらい冷やすと、ちょうど飲み頃になります。


さらに、**和食との相性は抜群**です。軽くてタンニンが少なくてフルーティなのが特徴ですから、あっさりとした和食にぴったりなのです。

一方、「おいしくない」「価格が高い」と言う声も聞きます。

それは、その年の出来を調べるための**試飲用に造られたワイン**だからです。9月に収穫して11月には出荷します。

何年もかけて造るワインに対し、たった2カ月ほどで造るのですから複雑味のない、軽くてフレッシュな味わいになるのです。それに、解禁日が決まっているので、船便では時間がかかるため空輸になります。そうすると輸送のコスト、税金が高くなります。

つまり、品質のわりに、価格が少し高めになってしまうのです。

ここ数年、ペットボトルに入ったボジョレー・ヌーヴォーを見かけるようになりました。それは、輸送コスト、ボトルのコスト、税金を下げるためなのです。

熟成向きに造っていないので、寝かせる必要はなく、フレッシュなうちになるべく早く飲みたいので、ペットボトルでも問題はありません。

むしろ、安く買えますし、本来、試飲用のカジュアルな早飲みワインなのでペットボトルが合っているのかもしれませんね。

つい言いたくなる「逸話」や「裏話」は相手の口から言わせる

相手より優位に立たない

ワインは、ビジネスシーンにおいて重要であることはすでにお話ししましたね。
しかし、趣味の世界なので、ちょっとした注意は必要です。

イギリスの本で『だからワイン通は嫌われる』という名著があります。相手の自尊心を傷つけないことが肝心です。

ワインのことを知れば知るほど人に話したくなる気持ちもわかりますが、自らうんちくを垂れるのではなく、**相手に話をさせるように会話を広げたい**ものです。

接待では、聞き役に回り、相手に楽しく話をしてもらうのが基本です。

例えば、「へぇ～！　そうなんですね!!」「知りませんでした」など、たとえ知っていることでも控えめに話します。

それは、ワインを知らなくていいということではありません。**ワインを知った上で、相手の話しやすい方向に持っていくのがベスト**です。

相手が話しやすい話題を探すことがポイントとなります。

ワイン好きの方の接待であれば、ワインネタは仕入れておいたほうがいいですね。

そこで、ワイン好きなら誰もが憧れるワインと、ちょっとした小ネタを紹介しましょう。

「5大シャトー」とは？

毎年、お正月に放送される「芸能人格付けチェック！」（テレビ朝日系列）をご存知ですか？

100万円もする高級ワインと5000円のワインを飲み比べ、どちらが高級ワインかを当てるクイズ。2017年の番組で登場した100万円ワインは、フランス・ボルドーの最高級ワイン「シャトー・オー・ブリオン」でした。「シャトー・オー・ブリオン」は、ボルドー5大シャトーの1つです。

5大シャトーという言葉は聞いたことがある方も多いでしょう。ボルドー5大シャトーとは、1855年に行なわれたパリ万国博覧会でボルドー・メドック地区の格付け第1級に認定された4つのシャトーと、1973年に第1級に昇格になった1つのシャトーです。

シャトーとは、直訳すると「お城」という意味ですが、ワインの世界では**「ワイナリー」を意味します**。特にフランスのボルドー地方のワイナリーはシャトーと呼ばれます。ボルドー地方では、かつて貴族がワインを造っていたため、自分の敷地内（お城）にブドウ畑や醸造所を備えてワイナリーとしていたのです。

重要ポイントを凝縮！「5大シャトー銘柄」ひと言解説

●シャトー・ラフィット・ロートシルト

メドック格付けで第1級の中の1位を獲得する5大シャトーの筆頭とも言えるワイン。とても繊細かつ優美で「王のワイン」と呼ばれています。

●シャトー・マルゴー

エレガントで最も女性的と評されているワイン。「ワインの女王」と呼ばれています。映画「失楽園」に登場したことでも有名になりました。

●シャトー・ラトゥール

安定した最高の品質と力強いタンニンが特徴です。「ラトゥール」という名前は「塔」の意味で、エチケットに描かれています。フランスとイギリスの百年戦争のときに攻撃から身を守るために建てられたもので、今もラトゥールのブドウ畑を見守り続けています。

●シャトー・オー・ブリオン

5大シャトーの中で最も香り高いなめらかなワインです。ボルドー最古の歴史を誇り、唯一メドック地区以外から選ばれました。1814年のウィーン会議の晩餐会で振る舞われ、フランスは敗戦国でありながら領土をほとんど失うことなく乗り切ることができたため、「フランスを救った救世主」と呼ばれています。

●シャトー・ムートン・ロートシルト

1973年の格付けで2級から1級に昇格したワイン。5大シャトーの中で最も芳醇さを持っています。エチケットは、シャガール、ピカソ、ウォーホルなどの世界を代表する著名な画家が描いており、毎年ヴィンテージごとに画家とイラストが替わるので、コレクターにも大人気です。

この5つのシャトーを覚えておくと、ワイン好きの方との会話が盛り上がり、ビジネスチャンスが広がるかもしれませんよ。

特に、**オー・ブリオン**は、歴史的な晩餐会で交渉成功に導いた縁起のいいワインなので、商談の会食には最適です。

とはいえ、高額なワインですので、予算オーバーかもしれませんね。

でも、大丈夫です。

オー・ブリオンには**セカンドワイン「ル・クラランス・ド・オー・ブリオン」**と**サードワイン「シャトー・クラレンドル」**が造られています。オー・ブリオンよりはるかに安くカジュアルに楽しめます。

他の5大シャトーにもセカンドワインはありますので、探してみてくださいね。

できる男は、ソムリエを味方につける

お店の人を味方につける

「今度、ワインの好きな取引先の方と会食があるんですけど、いいお店知りませんか？」とお客様によく聞かれます。

ワイン好きな取引先の方との接待。ワインなんてよくわからないから荷が重いな……。

でも、大丈夫です。

ソムリエのいるお店で、ワインのプロにぜひ力を借りましょう。

ワインのプロがお店にいる場合は、ソムリエやマネージャーなど、お店の人を味方につけるのが一番です。

なぜなら、**ワインのことがさっぱりわからなくても、ゲストにわからないようにそっとサポートしてくれる**からです。

お店の人は、何度も接待の場を経験しています。事前に打ち合わせをして情報を伝えておけば、当日、ホストの手助けをしてくれます。

デートの場合も同様です。仮にワインに詳しくなくても、女性にカッコいいと思われるようにあなたを立ててくれます。

ゲストや女性にカッコいいとアピールする前に、お店の人にいい印象を与えるといいでしょう。そうすればきっとうまくいきますよ。

お店の人に「スマートな人だ」と思われれば、料理やワインの流れがよくなってきます。逆に、「何を知ったかぶりしているんだろう」と思われると、雑に扱われたりします。気をつけたいですね。

お店の人を味方につけるための重要ポイント

では、どうすればソムリエを味方につけられるのでしょうか?

それには、いくつかの注意点があります。

くれぐれも有名ワインを連呼しないこと、知ったかぶりをしないことです。ゲストの興味を引こうと、中途半端なワインの知識をひけらかすのは逆効果です。

デートでも同様です。

つい女性の前でいろいろとうんちくを語りたい気持ちはわかりますが、女性はそこまで自慢話を求めていません。

オススメなのは、**お店の人に話を振って、きちんと説明してもらう**ことです。知ったかぶりをせず、お店の人に聞くとかえってスマートな印象を与えます。お店の人を味方につけることで、居心地のいい空間ができるはずです。

ワインを贈るときのポイント

贈る相手の好みをリサーチする

ワインには数え切れないほどの種類があり、さまざまな味わいがあります。その中で、おいしいと感じるワインは人によって違ってきます。

人それぞれに好みがあるので、贈り物にワインを選ぶときは贈る相手の好みを調べましょう。

仲良しの友人ならだいたいの好みはわかりますが、職場の同僚や上司、取引先の方、知人となるとわからないこともあります。

一緒にワインを飲む機会がある方だったら、普段どんなワインを飲んでいるのか思い出してみてください。あるいは、近いうちにワインを飲む機会をつくり、どんなワインが好みなのか観察しておきます。

また、**直接好みを聞く**のもいいですし、聞きづらいときは、**相手に近い存在の人に聞いてみましょう**。

相手の好みを調べる、2つのポイント

といっても、ワインを知らない・飲まない方の場合、どうやって好みを調べていいのかわからないですよね。

そこで、好みを調べる簡単なポイントを2つ挙げてみました。

◉赤ワイン白ワインのどちらが好みか

赤ワイン白ワインのどちらが好みかを調べます。赤、白両方とも好きな方も多いですが、赤ワインしか飲まない方や白ワインしか飲まない方は結構います。

◉生産地

好きな産地を調べます。好きな国や地方がわかれば、ワイン選びの選択肢が絞られてきます。

贈る相手の情報を集める

贈る相手の好みを調べてもわからない場合は、なんでもいいので、相手の情報を集めましょう。

お客様から「ワインを贈りたいのですが、全然ワインがわからなくて……。選んでいただいてもいいですか？」とよく相談されます。

そんなときに私が質問するのは、**性別、年齢、職業、趣味、何のために贈るのかなど、ワインに関係のないこと**です。

例えば、飼っているペットや好きな動物がわかれば、犬や猫のエチケットのワインや動物の描かれたワインがたくさんあるので、好きな動物を選びます。また、サッカーや野球、ゴルフ、映画、音楽などの趣味にまつわるワインもあります。

そして、渡すときにそのワインを選んだ理由やワインにまつわるストーリーを添えると、相手の喜びが倍増することでしょう。

また、**食の好みを参考に、ワインの好みを予想する**のもおもしろいですよ。

例えば、スパイシーな料理が好きな方には、スパイシーなワインを。脂の乗ったお肉が好きな方にはタンニンの強いワインを。あっさりとした和食が好きな方には、あっさりとしたワインなど。このように、好みの料理と合うワインを贈るのもオススメです。

さらに、**結婚祝いや昇進祝い、新築祝いなど、贈る目的が的確な場合は、そのシチュエーションに合ったワイン**を選びます。

例えば、結婚祝いにはハートやキューピッドが描かれたワイン、「愛している」や「恋人たち」という名前のワインなどがあります。

相手の情報とワインの掛け合わせ作戦、ぜひ試してみてくださいね。話は盛り上がりますし、きっと喜んでくれるはずです。

贈るときの注意点

お客様から、「ワインをもらったはいいけど、扱いがわからない……」という話も聞きます。

「マグナムボトルのシャンパンをもらい、開け方がわからない」「生まれ年のワインをもらい、開けたときコルクがボロボロでボトルに落ちた」など、エマージェンシーな場合もあるのです。

基本的にマグナムと通常のボトルでは、開け方の違いはありません。

しかし、回転が遅い商品なので、コルクが固くなっていることが多く力がいります。特に、スパークリングの栓は圧があるので、ワイン初心者には難しいものです。私もスパークリングワインを開けるのは苦手ですが……（笑）。

また、抜栓に慣れている人でも、苦労する場合があります。それは、針金ではなく紐で留めてあるもの、堅い金属のもの、二重に留め金が掛けてあるものなどです。

贈り物用にワインを購入する際、**「普通の留め金かどうか」と聞いておく**のも大切です。贈ったはいいけれど、ケガでもされたら大変ですよね。せっかくの贈り物のワインなのに、相手を困らせてはいけません。

贈る相手のワインの技術を知ることは大切です。

この章の最後に、お知らせです。

私が厳選セレクトしたビジネスシーンで活用できるワインリストを http://2545.jp/takeuchi/ から**無料ダウンロード**できます。

レストランでのワイン選び、お土産選びにぜひご活用くださいね。

第3章

女性に「センスいいね」と言われるワイン術
──デート篇

ワインのおいしいお店の見分け方

せっかくのデートで
ハズさないために

ワイン好きな女性とのデートで、お店選びに困ったことはありませんか?

お店の名前やサイトを見てワインという文字があったので、「ワインにこだわっているかも……」と思い決めたのに、いざ行ってみたらがっかりなんてことも。

そんな経験をした人は、誰もが一度はあるのではないでしょうか？　せっかく意中の女性を誘うことができた大事なデート、お店でハズすなんてもったいないですよね。

ここでは、ワインがおいしいお店の見分け方、ワインにこだわっているお店の見極め方、いわゆる**ハズさないお店の選び方**をお伝えします。

お店に入る前のチェックポイント

お店の入口に木箱やワインの樽、ワインボトルが飾られているお店ってありますよね。よくワインが出るお店、もしくはワインの種類が豊富な可能性が高いと言えます。

外にメニューが置かれているお店なら、飲み物のメニューをチェックしましょう。

ワインの種類が多いお店なら期待できます。逆にビールがずらっと並んでいるようなら、ワインの仕入れにあまり力を入れていないかもしれません。

予約の際に、グラスワインの種類を確認

お店を決めて予約する際に、ぜひグラスワインの種類を確認してください。ワインにこだわりのあるお店なら、**グラスでワインを提供してくれる種類が多い**はずです。

スパークリング、赤、白で10種類ぐらい揃えてあり、さらに赤、白ともに品種が4種類以上あるお店なら期待できますよ。

事前にお店に行ってみて、ココをチェックする

とはいえ、店に入る前のチェックでは、なかなかおいしいワインに当たる確率は低

いものです。

本当にワインのおいしいお店を探したいのであれば、実際にお店に行って自分の目で確かめたいところです。

では、お店に入ったときにどこをチェックすればいいのでしょうか？

チェックポイント別に見ていきましょう。

●大きなワインセラーがある

ワインセラーがあるお店は、ワインの温度管理がしっかりとされています。ワインは高温や急激な温度変化によってダメージを受けます。

さらに、あまり高い温度のところに置いておくとふいて（漏れて）しまうこともあります。状態のいいワインを保つには、ワインの保管場所は重要です。大きなワインセラーがあれば、ワインの状態もいいはずです。

また、長期熟成されたヴィンテージワインが置いてある可能性も高いと言えます。

●グラスの種類が豊富

ワインのグラスには、たくさんの種類があります。

シャンパンやスパークリングワインなどの泡もの用グラスや赤ワイン用グラス、白ワイン用グラス。もっと細かく分けていくと、ブドウ品種によってもそれぞれに合ったグラスがあります。

グラスの種類が豊富であれば、ワインにこだわっている証拠と言えます。

ワインはグラスによって味わいが変わります。最高においしい状態でワインを飲んでもらえるようにグラスを替えているのです。お店側のワインに対する思いが伝わりますよね。

キッチンやカウンターの上などにワイングラスがかけてあったり置いてあったりするので、グラスの種類がどれくらいあるのかチェックしましょう。

また、**棚にデキャンタや小道具がある**と、信憑性が高まります。

これはワインに限りませんが、グラスがきれいかどうか、臭くないかも確認したいところです。

●グラスワインの種類が豊富

よくメニューに「グラスワイン」や「グラス」と書かれている、グラス単位で注文できるワインの種類が豊富だと、ワインにこだわりがある可能性が高くなります。

開けたワインが注文されなければ、日にちが経ってワインが酸化してしまうので、お店側のロスとなります。

それなのに、たくさんの種類をグラスワインで飲めるワインがあるということは、**ワインの回転率がいい、ワインがよく出る、ワインにこだわっているお店**となるわけです。

ワインボトルは、1本でだいたいグラス6〜7杯を取ることができます。合コンなどの大人数のときは、ボトルで頼んでもある程度の種類のワインが楽しめますが、デートや少人数の場合、ボトルで注文してしまうと、いろいろな種類のワインが飲めなくなりますよね。

そんなときに、グラスワインは便利です。

一皿ずつ料理に合うワインを選べば、効率よく数種類のワインを楽しむことができます。

また、恋人や友達同士で違う種類のワインをグラスで頼んで、「これ！　おいしい」「こっちのほうが好き！」と飲み比べもできます。

シャンパンやスパークリングワインなどの**泡もの2種類**、**白ワイン3種類**、**赤ワイン3種類の計8種類**くらい置いている店が多いようです。なかには30種類も揃えているお店もあります。

私のお気に入りのお店は、だいたい20～30種類をリストアップしているので、料理に合わせてマリアージュを楽しめます。そして、いろんなワインにチャレンジできて楽しいものです。

先日、台湾に行ったときにイタリアワイン専門のレストランに行ったのですが、そこには、グラスワインがなんと、100種類もありました。すばらしいですよね。

目安として**10種類以上のグラスワイン**があり、その中で**赤、白ともに違った品種で4種類以上**あれば、おいしいワインのお店と考えていいでしょう。

いくらグラスワインが10種類以上あるとはいえ、赤のほとんどが「カベルネ・ソーヴィニヨン」や「メルロー」に偏り、白は「シャルドネ」ばかりというお店はおいしいワインを期待できません。

●メニューにワインの銘柄とともに、ブドウ品種が書かれている

メニューにワインの銘柄とブドウ品種が書かれているか、チェックしましょう。

なかには、「赤ワイン・グラス」「白ワイン・グラス」としか書かれていないお店があります。銘柄を書いていない場合、どんなワインなのかわかりませんし、ワインにこだわりがないお店と判断していいかと思います。

ワインリストが他のドリンクメニューとは別にあるお店、**生産地が書かれている**お店は期待できます。

●ワインの温度をチェックする

ワインには、おいしい温度があります。

白ワイン、赤ワインによっておいしい温度は変わりますし、白ワインでもコクのある高級ワインとキリッと酸味が利いたワインでは最適温度が変わってきます。赤ワインでは、タンニンのあるしっかりとしたフルボディとタンニンが少なくフルーティなライトボディでは変わってきます。

ちょうどいい温度でワインを提供してくれるお店は、おいしさを最大限に引き出してくれているのです。

●ハウスワインがおいしい

私は初めて行くお店では、まず**ハウスワイン**を注文します。それは、**お店の看板ワイン**だからです。お店の顔とも言えるハウスワインがおいしいということは、ワインに力を入れている証拠であり、他のワインもおいしい可能性が高いのです。

◉ワインを選んでくれる

ただし、ワインメニューがなくても、ワインにこだわっているお店もあります。**常時ワインの種類を替えているお店**がそれに当たります。いつも決まったワインがあるわけではないので、わざわざワインメニューを作っていないのです。

そういった場合は、メニューやグラスワインのところに**「スタッフにお尋ねくださ い」と書いてある**ので、チェックしてみましょう。どんなワインが好みなのかを伝えると、お店の人が何本かのワインをテーブルに持ってきて説明をしてくれます。

最近、ボトルに金額が書いてあるお店がありますよね。ワインを選んでくれるスタッフが価格の書いたボトルを持ってきてくれるので、安心して注文できます。

ワインを選んでくれるのは、ソムリエだけとは限りません。ソムリエは資格であって、資格を持っていなくても、ワイン好きなシェフやスタッフがお店にいれば、いろいろとアドバイスをしてくれますし、いい状態でワインを提供してくれます。

ワインについてお店の人に質問してみるのも、ワインがおいしいお店かどうか見分ける方法の1つです。

ワインにあまり期待できないお店とは?

ワインは期待しないほうがいいなと思うお店のポイントは、次のような場合です。

◎ぬるいワインが出てきた。
◎ワイングラスになみなみとワインが注がれて出てきた。
◎キンキンに冷えた赤ワインが出てきた。

あまりおいしくないと感じたら、氷や炭酸水をもらって、それで割って飲むのも1つの手です。

また、グラスの種類が少ないのに高いワインを置いている店は残念なこともあります。

いかがでしたか？

基本的に、**ワインのおいしいお店は料理もおいしい**と言えます。

ワインは料理によって味が変わり、料理もワインによって味が変わります。お互いの相乗効果によってよりおいしくなるのです。ワインと料理の関係は切り離せません。

デート前に3回唱えて頭に叩き込め！あのモテワインの名前

女性を口説くのに最適なモテワイン

好きな女性を食事に誘ったら、せっかくのワインを気に入ってもらいたいですよね。
「おいしいー」と笑顔で言われたら、うれしいものです。

女性を口説くのに最適なモテワインって知りたいと思いませんか？

それはずばり、**「ゲヴュルツトラミネール」**。

ゲヴュルツトラミネール？　一度では聞き取れない？

では、もう一度！

ゲヴュルツトラミネール。なんとも発音しづらく覚えにくい名前ですよね。

これは、フランスのアルザス地方の代表的な**白ワイン用ブドウ品種**です。

「ゲヴュルツ」とはドイツ語で**「スパイス」**。つまり、香辛料の意味で、その名のとおりスパイスのようなエキゾチックな香りがします。

一方、「トラミネール」は、イタリア南チロル地方の村に由来し、現在も南チロルの一部では栽培が続けられています。これが、近世になってからドイツのファルツを経由して、フランスのアルザスやジュラに持ち込まれたと言われています。

バラとライチの香りがします。**酸味が少なくなめらかで凝縮した果実味とふくよかな味わい。ほのかにスパイシーさ**も感じます。

香りの高さが特徴で、花のような華やかな香りが、女性に大人気なのです。

通常は辛口に造られますが、ブドウを遅摘み（ヴァンダンジュ・タルディヴ）にしたり、貴腐または完熟ブドウを粒選り摘み（セレクション・ド・グラン・ノーブル）することにより、甘口の超高級デザートワインが造られることもあります。

辛口は食中のモテワインに使えますが、**極甘口**は甘美で大人の極上スイーツのようで、**食後のモテワイン**として使えます。

レストランではお店の人に、甘口か辛口を聞いてから注文しましょう。

料理と合わせて、さらにモテ度アップ

ワンランク上を目指すなら、ゲヴュルツトラミネールと合う料理を覚えておきたいところです。ワインも料理も相乗効果でさらにおいしくなります。

スパイシーな白ワインですので、**香辛料を使った料理との相性が最高**です。

それに、香りが高いので、料理の香辛料の香りにも負けずお互いを引き立て、しかも辛さをちょうどよくマイルドにさせてくれるのです。

タイ料理やベトナム料理、インド料理などの**スパイシーなエスニック料理や中華料理**と相性抜群です。女性はエスニック料理が大好きです。エスニック料理に行ったらぜひ、ゲヴュルツトラミネールを探して注文してみてください。また、ホームパーティで**キムチ鍋**や**カレー鍋**などのスパイス料理がテーマのときは、ゲヴュルツトラミネールを持って行けば、人気者になるはず。スーパーでも売っているので、簡単に手に入ります。

女性からの「おいしい」が「もっとおいしいー！」に変わりますよ。

もし**フレンチ**だったら、フォアグラやマンステールというウォッシュタイプのチーズとよく合いますので、一緒に注文してくださいね。

イタリアンだったら、ブルーチーズにハチミツをかけるみたいに甘口のゲヴュルツトラミネールとブルーチーズ、ゴルゴンゾーラのピザやペンネと一緒に楽しんでみてください。

レストランで注文するときに、かまないようにサラッと言えたらカッコいいですよ。デート前には、「ゲヴュルツトラミネール」と3回唱えて頭の中に叩き込んで、さあ、いざ出陣です。

ここで差がつく！
女性にどこに座ってもらうのがいいか？

テーブル派、カウンター派、あなたはどっち？

「ワインを武器にするための重要なステップ」で接待での席次について話をしましたが、デートでも相手にどこに座ってもらうかは、とても重要です。

接待と同様、女性は奥に座ってもらうのが基本ですが、2人でのデートだとカウンターという選択肢が増えます。

テーブルとカウンターでは、どちらがいいのでしょうか？

相手と目が合うテーブルと目が合わないカウンター。

それは、**あなたと相手の関係の深さや目的で使い分け**ましょう。

あまり慣れていない同士や初めてのデートでは、正面に向き合って座ると、緊張したり、食べにくかったりします。

遠い昔ですが、私は初めてのデートのときに向かい合わせに座り、クリームソーダについてきたさくらんぼの種が恥ずかしくて出せなかった経験があります（笑）。

その点、カウンターだと食べる顔を見られずに済みますし、隣同士ならではの親近感が湧きますよね。

カウンターで目の前にシェフやスタッフがいて楽しませてくれれば、2人の会話も弾みますし、会話に行き詰まったときの救いにもなります。

でも、「ゆっくりと話したいのに、目の前のスタッフが話し好きで困る」ということもありますので、そんなときはテーブルがオススメです。

景色が見える店での男性の大きな勘違い

海、庭園、夜景など美しい景色が見えるレストランはたくさんあります。高層階でも低層階でも、景色が見える店の場合、どこに座ってもらえばいいのでしょうか?

男性はついつい外の景色を見せようとするものです。

でも実は、**女性は外の景色が見える席ではなく、店の中が見える席がいい**のです。

店の人が椅子を引く場合は従わないといけませんが、自分で座る場合は、女性は内側を見る位置に座ってもらいます。

店の中の動きのある風景は心地よく、またデートのためにお洒落をしてきた女性は、**むしろ自分を見られたい**のです。

男性からしても、景色を背負った美しさのほうが印象に残りますよね。

これは、接待のときでも同じです。

「とりあえずビール」をやめると、あなたのセンスが輝き出す

「アペリティフは?」と聞かれたら

気になる女性とやってきた話題のフレンチレストラン。あまり行き慣れていない本格的なレストランにちょっと緊張……。

席に着くと、こんな声をかけられたことがある方は多いのではないでしょうか。

「アペリティフ（食前酒）はどうなさいますか？」

そんなとき、「とりあえずビール！」はやめましょう。

ぜひ、**シャンパン**か**スパークリングワイン**を注文してください。もちろんビールでも問題はないのですが、せっかくフレンチに来たのですし、ここはおしゃれに楽しんでいただくために泡ものを選びたいもの。キラキラと輝く泡は、デートの始まりを盛り上げてくれますよ。

ここで注意したいのが、シャンパンとスパークリングワインの違い。128ページでもお伝えしたとおり、シャンパンはスパークリングワインというカテゴリーの中のある一定の条件をクリアしたものです。

つまり、高級なスパークリングワインなのです。

ですから1杯3000円するものもあるので、予算に気をつけたいところです。

コスパ抜群のスパークリングワイン――カヴァ

シャンパンの半額で飲める本格派スパークリングワインがあります。

「カッコよくシャンパンを注文したいけど、価格が高いな……」

そんなときの救世主が「カヴァ」です。

カヴァは、シャンパンと同じ製法（瓶内二次発酵）で造られているスペインのスパークリングワインで、本格的なのにとてもリーズナブル。シャンパンの半額ぐらいで飲めます。

どんな料理とも合わせやすく、お酒があまり強くない人なら、前菜からメインまでこの1杯で楽しむことができます。コストパフォーマンスが高いスパークリングワインとして、とても人気があります。

なぜ炭酸がオススメなのか？

シャンパンかスパークリングワインのシュワッとした泡もの、ビールなどの炭酸飲料が1杯目に選ばれるのが多いのはなぜでしょうか？

それは、**炭酸が胃を刺激して、食欲を増進させる効果がある**からです。これから出てくる料理をよりおいしくいただくことができます。

さらに、アルコールによって胃液の分泌を促す効果があります。

また、食事の前に会話を弾ませるといった意味合いもあります。

アルコールが弱い方にはワインカクテルがオススメです。

●キール・ロワイヤル

スパークリングワイン＋カシスリキュール

●キール・アンペリアル
スパークリングワイン＋フランボワーズリキュール
●ミモザ
スパークリングワイン＋オレンジジュース
●スプリッツア
白ワイン＋炭酸水
●キティ
赤ワイン＋ジンジャーエール

もし、**お酒の飲めない方**がいた場合には、ミネラルウォーターやウーロン茶ではなく、**ペリエ**のような炭酸水や炭酸のノンアルコールカクテル、ライムやレモンを入れた炭酸水などを注文してあげるとスマートです。

「ワインをスマートに注文する方法」

スマートな予算の伝え方

アペリティフを飲みながら料理のメニューを選んだら、次にワインを注文します。

さあ、どのように選んだらいいのでしょうか？

料理メニューよりも分厚く横文字ばかりのワインリストの場合、「どうしよう……」と悩んでしまいますよね。

でも、ご安心ください。焦らなくても大丈夫です。

かなりのワイン通でない限り、リストを見ただけでワインを選ぶのは困難です。ぜひソムリエに相談してみましょう。


そのときに**一番大切なのは、予算を伝えること**です。

予算がわからなければ、相談されたソムリエは、どれくらいの価格帯のものをオススメしていいのか困ってしまいますし、考えていた予算とかけ離れたものが出てきたら、会計のときに恐ろしいことになってしまいます。

私もお客様にワイン選びのお手伝いをする際、必ず最初に予算を聞きます。5000円のものを選んで、安すぎると思われたり、高すぎると思われたり、**人によって価格の価値は違います**。ワインの価格は幅広く、どの価格帯かを決めることがまずは重要となってきます。

ワインリストの希望する予算の価格を指さし、「これくらいのワインで」と伝える

とスマートです。

では、女性のほうがワインに詳しい場合はどうしたらいいでしょう?

そういう場合も、ビジネスの接待相手と同じく、**女性にワイン選びをすべてお任せするのはNG**です。どの価格帯を選んでいいのか、困ってしまいます。

ワインリストは男性が持ち、予算を指さしソムリエにそっと伝えましょう。

飲める量を伝える

飲める量を伝えるのも大事なことです。

「2人で1本半くらいは飲めるので、シャンパンと最初の白ワインはグラスで。そのあとはボトルで赤ワインを1本というのはどうでしょうか?」

「2人で1本くらいが適当なので、泡もの、白ワイン、赤ワインと3種類グラスで出してもらえますか?」

とソムリエやお店の人に伝えます。

飲める量からグラスの杯数やボトルの数がわからない場合は、**「2人で2本ぐらいは飲めるので、シャンパンをグラスで、そのあとはお任せしてもいいですか？」**と伝えます。

飲む量がわかれば、料理に合わせたワインの流れを組み立ててもらうことができます。

「2人で1本半くらい飲めるけど、私が多めで彼女がちょっと少なめでお願いします」というのも、お店の人にとっては助かる情報になります。

もちろん、伝えた量より多くなっても少なくなってもかまいません。だいたいの目安がわかればいいのです。

スマートなワインの注文の流れ、全公開！

レストランでワインを注文するのとワインショップでワインを選んでもらうのは似ているところがあります。

実際に、私が普段、お客様のワイン選びのお手伝いをしているときの流れを紹介しておきましょう。

①予算を伝える

お客様「ワインを選んでいただきたいのですが……」

ソムリエ（ワインショップ）「おいくらぐらいでお考えですか?」

お客様「3000円ぐらいです」

②ワインの種類を伝える

ソムリエ（ワインショップ）「白ワインですか? 赤ワインですか? それともシャンパンやスパークリングワインですか?」

お客様「赤ワインでお願いします」

③好みのブドウ品種があれば伝える

ソムリエ（ワインショップ）「好みのブドウ品種はありますか？」

お客様「カベルネ・ソーヴィニヨンのようなしっかりしたのが好きです」あるいは、「いつもはカベルネをよく飲んでいるんですが、たまには違うものを試してみたい」

もし、指定の品種がなかったとしても、それに近い味わいのワインをお店の人が選んでくれます。

④好みの産地があれば伝える

ソムリエ（ワインショップ）「好みの国や産地がありますか？」

お客様「フランスが好きです。特にブルゴーニュが好きです」

⑤味わいや好みを伝える

ソムリエ（ワインショップ）「どのような味わいがお好みですか？」

お客様「渋みがあってしっかりしているもの」あるいは、「フルーティで飲みやすいもの」

好みを伝えるときには、女性の好みを聞いてあげてくださいね。

「フルーティなもの」「スッキリとしたもの」「渋くないもの」などと具体的に聞いてあげるのがポイントです。

表現法がまだよくわからないという人は、まずは赤ワインの場合は「重め」か「軽め」を伝えましょう。

ソムリエ（ワインショップ）「重めですか？　軽めですか？」
お客様「重たいのがいいです」

白ワインの場合は「甘口」か「辛口」を決めましょう。

ソムリエ（ワインショップ）「甘口か辛口どちらが好みですか？」
お客様「辛口がいいです」

⑥料理と合わせる
「今日すき焼きをするのですが、どんなワインが合いますか？」
「しゃぶしゃぶに合うワインください」

⑦気分を伝えるのもアリ
「今日は暑かったからスッキリしたい」

「疲れたから甘いワインで癒されたい……」

困ったときのキラーフレーズ

実際のお客様のやりとりを例に注文の仕方をお伝えしましたが、何を注文していいのかわからない、あるいは好みをうまく伝えられなくて困ることもありますよね。

そんなときのために、とっておきのフレーズがあります。

それは、

「これから出てくる料理に合わせてお願いします」

「メインの料理に合うワインを選んでいただけますか?」

とお店の人にお任せすることです。

お店の料理の味を一番わかっているのはお店の人です。だから、お店の人にお任せすれば、ハズレがないのです。

見た目でわかる！ワインと料理の合わせ方

ワインと料理の相性は、料理のクオリティを超える

ワインと切り離せないもの。それは料理です。
「マリアージュ」という言葉を聞いたことはありますか？

そもそもマリアージュとは、フランス語で結婚という意味で、**料理とワインの結婚**、つまり、**料理とワインの相性**のことをあらわします。

ワインは合わせる料理によって味が変わり、また料理もワインと合わせることによって味が変わります。

2つの相性が最高にいい状態、お互いに香りや味を高め合う状態になると、相乗効果が生まれ、ワインも料理もよりおいしくなるのです。

一方、料理とワインの相性が悪いとお互いのおいしさが半減してしまうことがあります。

例えば、普通においしいレストランの料理に相性のいいワインを選べた場合と、料理は感動するほどおいしいのに合わせたワインがいまいちだった場合では、前者のほうがよかったりするのです。

それぐらい料理とワインのマリアージュは大切なのです。

ワクワク感を演出する「ペアリングコース」を使いこなす

最近では、マリアージュを楽しんでもらおうと、ワインのペアリングコースがあるお店も増えてきています。

レストランで提供するペアリングコースとは、**料理一皿に1種類ずつグラスワインを合わせてくれるコース**のことです。ワインの注文に頭を悩ませないで済みますし、どんなワインが出てくるのかという楽しみも味わえます。

だいたいコース料理は5〜6皿となりますので、5〜6杯のワインが出されます。

「えっ？　そんなに飲めない……」と思いました？

でも、大丈夫です。ペアリングコースでは、通常の1杯より少ない量で設定されています。1杯の量を選べるお店もありますので、ぜひ相談してみてくださいね。

料理に合わせたワイン選びのポイント

ペアリングコースがない場合は、自分たちでワインを選ぶことになります。どのように料理に合うワインを選べばいいのでしょうか?

◉ワインの色と料理の色を合わせる

覚えやすい法則は、食材やソースの色、料理全体の色にワインの色を合わせることです。これなら料理を見ただけで簡単にワインを選ぶことができます。

料理全体で考えると、以下のような要領です。

●白、緑色に近い料理……白、緑がかった白ワイン。この色のワインはすっきり爽やかな白ワインが多い。

●**濃い白、黄色に近い料理**……濃い白、黄色の白ワイン。この色のワインはコクのある白ワインが多い。

●**ピンク、赤色に近い料理**……ロゼワインや軽めの赤ワイン。

●**紫、茶色に近い料理**……重めの赤ワイン。

◉食材に合わせる

次に食材で考えてみましょう。

次ページで一覧にしてみましたので、チェックしてみてください。

◉料理の味付けに合わせる

料理の薄い味付けには軽いワイン、濃い味付けには重いワインを合わせます。

●**あっさりした料理**……さっぱりしたワイン。

これで、もうハズさない！

食材別で合わせるワイン一覧

肉の場合

鶏肉	白ワイン
豚肉	ロゼワイン
牛肉	赤ワイン

魚の場合

白身魚（タイ、ヒラメなど）	白ワイン
ピンク色の魚介類（サーモン、エビなど）	ロゼワイン
赤身魚（マグロ、カツオなど）	赤ワイン

ソースの場合

クリームソースやホワイトソース	白ワイン
デミグラスソースやトマトソース	赤ワイン

●こってりした料理……しっかりしたワイン。
●シンプルな（安めの）料理……シンプルなワイン。
●複雑な（高めの）料理……複雑な高級ワイン。

例えば、「チーズオムレツ」には「ブルゴーニュ・ブラン」のような地方名ワイン、「伊勢海老アメリケーヌ」には「コルトン・シャルルマーニュ」のような村名ワインを合わせてみてください。

どちらかの味が勝ってしまうと、もう一方の味が弱くなってしまうので、同じくらいに合わせます。

食べていく順で考える品種選び

基本がわかったところで、実際にアラカルトでもコースでも、食べていく順に沿って「前菜」「魚」「肉」で品種も交えてもう少し具体的に考えていきましょう。
ここで、色の法則を思い出してくださいね。

●前菜

前菜では、サラダやテリーヌ、カルパッチョなど野菜を使ったあっさりとしたものが多いので、すっきりとした白ワインがよく合います。

代表的な品種では、**ソーヴィニヨン・ブラン**や**辛口のリースリング**がオススメです。

また、生ハムや冷製のお肉の場合は、軽い赤ワインや**辛口のロゼワイン**がよく合います。軽い赤ワインの代表的な品種には、**ガメイ**や**ピノ・ノワール**があります。

●魚料理

魚料理では、タイやヒラメなどの白身魚は白ワインと合わせます。調味料を考えていくと、ムニエルならバターを使うのでコクのある**シャルドネ**、アクアパッツアならオリーブオイルや香草を加えるので、ハーブの香りがする**ソーヴィニヨン・ブラン**がオススメです。サーモンやエビなどは**辛口のロゼワイン**が合います。

よく肉には赤ワインを、魚には白ワインと言いますが、必ずしもそうではありません。赤身魚のマグロやカツオなどには、**軽めの赤ワイン**がよく合うのです。

●肉料理

肉料理では、牛肉はしっかりとした赤ワインを合わせます。

代表的品種では、**カベルネ・ソーヴィニヨン**がオススメです。

豚肉では、軽めの赤ワイン。代表的品種は**ガメイ**、**ピノ・ノワール**、または**ロゼワイン**でもいいでしょう。鶏肉は、豚肉同様に軽めの赤ワイン、またはコクのある白ワイン。代表的品種は**樽の効いたシャルドネ**を合わせます。また、羊やイノシシ、鹿などのジビエにはスパイシーな赤ワインを合わせます。代表的な品種では**シラー**がオススメです。

日本人男性だけが勘違い？男がすすめてカッコいい「ロゼワイン」

今、ロゼを馬鹿にしていると、逆にカッコ悪い

ロゼといえば、春のお花見に飲む季節ものや見た目が華やかなので飾りものと思われがちですが、実は**一年中楽しめる万能なワイン**です。

ロゼワインは赤ワインが持つタンニンやコクと、白ワインが持つ酸とフレッシュ感の両方の要素を持ち合わせているので、幅広い料理に合わせることができ、とても便利です。

とはいえ、日本では「甘そう」「初心者向けのワイン」「ワインの余りもの」というイメージが定着していて、特に男性にはあまり人気が高くありません。

でもそれは、ひと昔前の話……。今や甘口より辛口のほうが多く、ワインの副産物では決してありません。ロゼワインは、赤と白を混ぜたものではありません。EU圏では、シャンパンのロゼ以外では禁止なのです。

では、どうやって造られるのでしょうか？

それは、赤ワインを造る過程（果皮や種など果汁とともに発酵する）を早々に切り上げ、軽く色づいた液体を白ワインのように発酵させて造られます。果皮から色が出るので、漬け込む時間によりロゼの色の濃さが決まるのです。

一部のロゼは違うこともありますが、ほとんどこの造り方をしています。

お手頃な価格のデイリーワインとしてのイメージが抜け切れませんが、最近では高級なロゼワインも造られていて、**ロゼの品質はどんどん高くなっている**のです。

赤ワインでは重すぎるし、白ワインでは軽すぎるという場合やお昼にサクッと飲むのにもロゼは最適です。特に、ピクニック、バーベキュー、お花見などのアウトドアで大活躍します。

フランスでは、白ワインよりもロゼワインのほうが断然人気があります。イタリア、スペインでもレストランでロゼワインを飲んでいる人をよく見かけますし、アメリカやカナダではロゼが**今、大ブーム**になっています。

それに比べ、日本のレストランではロゼワインが少なく、1種類しか置いていないところがほとんどで、1本もないことも多々あります。

レストランになければ飲む機会が少なくなり、ますます遠い存在になってしまいます。こんなにオールマイティで使えるワインなのに、知ってもらえないことが残念です。

私は、もっとレストランでロゼワインを扱ってほしいと願って、何年も前から提案をしていますが、ロゼは出ないからとメニューから外されてしまうのがほとんどでした。

でも最近は、うれしいことに積極的に置いてくれるところや、レストランでもロゼワインをよく見かけるようになりました。ほんの少しずつですが、日本へのロゼの輸入が増えてきています。

毎年審査員として参加させていただいている女性だけによる国際ワインコンペティション**「サクラアワード」**では、2018年から**ベストロゼワイン賞が新設される**ことになりました。ロゼワインは、日本でも広まりつつあるのです。

実は日本人の口に合う

ロゼは、しゃぶしゃぶ、ちらし寿司、焼き野菜、天ぷらなどの**和食との相性が抜群**です。また、**冷やすとおいしい**ので、冷たい飲みものが好きな日本人にはぴったりなのです。

日本食とのマリアージュで、ロゼのマイナスイメージが払拭できるのではないかと期待しています。

デートの食事で迷ったら、辛口ロゼワイン

ロゼは、どんな料理とも合う万能ワインですから、食事のときにはおおいに活用できます。女性との食事で料理と合わせるワインに迷ったら、辛口ロゼワインがオススメです。

特に相性がいい食材は、エビ、カニ、サーモン、貝、タコなどのシーフード。豚肉とも合います。

料理は、酢豚やエビマヨなどの中華料理、生春巻きやバインミー、バインセオなどのベトナム料理、プーパッポンカリーやソムタム、エビのパッタイなどのタイ料理、パエリアやブイヤベース、ラタトゥイユ、カポナータなどの地中海料理がオススメです。

このジャンルのレストランに行ってロゼワインを見つけたら、**「この料理と辛口のロゼワインは相性いいんだよ」**と女性に言ってサラッと注文してみてもいいでしょう。ちょっとでもワインに興味のある女性なら、きっとあなたの評価が上がるはずです。

知っているだけでカッコいい「3大ロゼワイン」

ちょっとした話のネタにフランスの3大ロゼワインを覚えておきましょう。

この3つを覚えておけば、ロゼワインを注文するときにカッコよく決まりますよ。

1つ目は、ロワールのロゼ・ダンジュ。明るいピンク色でほんのりと甘いのが特徴です。

2つ目は、南ローヌのタヴェル・ロゼ。オレンジがかったピンク色をしていて、辛口でコクがあるのが特徴です。

3つ目は、プロヴァンスのロゼ。さっぱりとした辛口が特徴です。プロヴァンスで造られているワインのほとんどがロゼで、日常的に親しまれています。

この3大ロゼは、レストランに置いてある確率が高いので、女性にすすめるときや注文するときに、ほんのり甘いロゼが飲みたい場合は「ロゼ・ダンジュはありますか?」、コクのあるロゼワインが飲みたい場合は「タヴェルのロゼはありますか?」、さっぱりとすっきりしたロゼワインが飲みたい場合は「プロヴァンスのロゼはありますか?」と聞いてみましょう。

それだけでロゼ通なオーラが、あなたをまといます。

公開！
レストランでのワイン価格のカラクリ

ビールや日本酒に比べて、相場がわかりにくい⁉

レストランやバルに置いてあるのと同じワインが、ワインショップやデパートなどで売られていることがあります。

同じワインですが、小売店の価格より飲食店で注文するワインのほうが高くなります。

それはご承知のとおり、人件費、グラスやサービスなどのコストがかかるからです。ビールや日本酒も同じですよね。

ただ、ビールや日本酒の相場はだいたいわかるけど、ワインの価格ってわかりづらいという声をよく聞きます。

どんな価格を選んだら、「おいしい」にたどり着けるのでしょうか？

飲食店とワインショップの価格の関係

まずは、飲食店の価格のつけ方からお話ししていきましょう。

ひと昔前は、仕入れ値の3倍が相場と言われていましたが、今ではできるだけ安い価格でワインを提供するお店が増えてきています。

したがって、飲食店のワインの価格は、酒屋やワインショップで購入する価格の**2〜2・5倍が目安**となります。

例えば、自分で購入するときに1000〜2000円だったワインは、レストランでは2500〜5000円となります。

また、販売価格＋1000円で飲める飲食店もありますし、ワインショップで販売価格＋500円でボトル飲みできるところ（小売りと飲食店が一緒になったスタイル）も増えてきています。

ワインはどんどん身近になり、日常的な存在になってきているのです。

私は仕事上、インポーター（輸入元）からワインを仕入れ、一般のお客様に店頭で販売したり、飲食店にワインを提案しているので、ワインの価格をより詳しく知っています。

ワインの価格には、インポーターが決めた希望小売価格と実際に一般消費者に売られている販売価格が存在します。

希望小売価格とは、定価のようなもので、実際にワインショップ、酒屋、スーパー、ネットなどで販売されている価格は希望小売価格より安くなっています。その価格はだいたい定価の8〜9掛けで、お店によって異なります。

飲食店の仕入れ価格は、取引量によって割引率は変わりますが、だいたい定価の7〜8掛けが相場です。その仕入れ価格の2〜2・5倍が飲食店メニュー価格となるのです。

飲食店でワインを飲むと損をする?

では、飲食店でワインを飲むと高くなるので、損をするのでしょうか?

私は、仕事柄、飲食店でワインメニューを見ると、ほとんどの販売価格がパッと頭に浮かんできます。だからと言って、飲食店でワインを飲むことが損をしているとは思いません。

確かに家で飲むのは安上がりですし、気兼ねなくリラックスして楽しめます。

しかし、飲食店ならではのメリットは尊重すべきです。

「雰囲気を味わえる」「プロの料理とワインを合わせられる」「あまり手に入らないワインや珍しいワインに出会える」「自分の考えとは別の新たなマリアージュの発見がある」などです。

グラスワインの多いお店では1皿に1種類はもちろん、1皿に2種類でも合わすことができます。

家では、10種類近くのワインをいろいろな料理と合わせて飲み比べするのは難しいですよね。

家飲みは家飲みのメリットがあり、飲食店では飲食店のメリットがあるのです。

3000円台なら、南半球かスペイン、カリフォルニア

カジュアルなレストランでワインを注文するときの予算は、5000円以内が多いでしょう。2000〜3000円台でもおいしいワインはありますが、目安としては、**4000円くらい出すと「おいしい」に当たる確率は高く、5000円でしたらハズレの確率はほとんどなくなります。**

でも、できれば3000円台まででおいしいワインを飲みたいですよね。では、どのように選べばいいのでしょうか？

それは、国・地域で選ぶことです。

チリ、アルゼンチン、南アフリカ、スペイン、オーストラリア、カリフォルニアのワインを選びましょう。

なぜなら、コスパの高いワインが多いからです。

これらの地域はブドウの栽培やワインの醸造に適した、天候に恵まれている土地なのです。気候が乾燥しているので凝縮したブドウが育ち、果実味たっぷりの飲みやすいワインになります。それに、土地代も人件費も安いので、コスパのいいワインが生まれるのです。

逆に、**5000円以下のワインを注文する場合は、有名産地のワインは避けましょう**。フランスではボルドー、ブルゴーニュ、シャブリ、イタリアでは、キャンティです。

最高品質のものを造る産地なので、あまり安い価格のものだとクオリティが良くない可能性が高いからです。

でも、どうしてもフランスやイタリアワインが飲みたいというときには、南の暖かい地域のワインを選ぶといいですよ。南仏やシチリアのワインがオススメです。

男はカッコよく
ワインボトルを片手で持つ

ワインを注ぐのは男性の役目

以前、会社の忘年会でワインバルに行ったときのことです。同僚の男性のグラスが空になったので、ついソムリエという仕事柄、私はボトルを手に取りワインを注ぎました。

すると、お店の方がすぐに駆けつけ、「女性がワインを注いではいけません」と言い、同僚のグラスにサッとワインを注いでくれました。

海外では、女性が男性にワインを注ぐというのはNG。マナー違反になるのです。

とはいってもここは日本……。やはり、接待のときのホストが女性の場合は、ホストが注ぎましょう。

ただ、デートのときは、男性が注ぐべきです。男性が女性をエスコートするので、ワインを注ぐのは男性の役目です。

もし女性がワインを注ごうとしたら、「僕に注がせて」とサラッと言って注いであげれば好感度も上がるはずです。女性に恥をかかせないというさりげない優しさにキュンとなるかもしれません。

また、会社の同僚や友人との席の場合も、男性が注ぐようにしましょう。

カッコいいボトルの持ち方

では、サラッとワインが注げるように、ボトルの持ち方から説明しましょう。

まず、**注いだときにエチケットが上にくるように、親指をボトルの正面に置きます。**

そして、**残りの4本の指は大きく開いてボトルの裏側で底を支えます。**

エチケットを上にするのは、相手にどんなワインかを見せるため。また、万が一、ワインの雫が垂れても、エチケットを汚さないためです。

ボトルは重いのでこぼれるのが心配な人は両手で持ってもいいのですが、男性なら片手でカッコよく持つのがスマートです。

両手の場合は、片手でボトルの底を持ち、もう一方の手でそっと下を支えます。

ワインの注ぎ方

注ぐときに注意したいのは、**ボトルの口をグラスにつけない**こと。それは、グラスを倒さないためです。そして、ボトルの口を伝ってワインの雫がこぼれないようにするためです。

ボトルをグラスから少し離して注ぎ、**注ぎ終わったら、ボトルを少し回して雫を切る**とスマートです。

また、あえてジョボジョボと音を立てるようにしたほうが、空気に触れてワインの香りが広がります。

どこまでワインを注ぐか？

たまにワインをグラスになみなみと注ぐ人がいます。

それだけでワインをわかっていないことがバレてしまいます。ワインは「香り」と「味わい」を楽しむもの。ワインを味わうには香りがとても重要なのです。

ワイングラスには、香りを引き出すためにボウルと呼ばれる膨らみがあります。グラスいっぱいにワインを注いでしまうと、香りが立たなくなってしまいます。

注ぐ量は、グラスの一番膨らみが大きいところまでにしてくださいね。グラス全体の4分の1〜3分の1ぐらいまでが目安です。

ワインを注いでもらうときのスマートな作法

ワインを注いでもらうときは、**グラスを手で持ち上げず、テーブルに置いたままに**しておきます。

グラスを持って差し出したり、傾けたりするのはNGです。ビールや日本酒のように注ぎ合うことはしません。

注いでもらった後は、ひと言お礼を言うと、スマートです。

ワインをグラスに注ぎ足すタイミング

「相手のグラスが空になりそう……」と思ったら、**ワインがなくなる前に注ぎ足す**のがマナーです。

注ぎ足す量は、最初に注ぐ量と同じ、グラスの一番膨らみの多いところまで。

でも、白ワインやスパークリングワイン、高級ワインを注ぎ足すときは例外もあります。

冷やして飲む白ワインやスパークリングワインは、時間が経つと温度が上がっているので、そこに注ぎ足されてしまうと、せっかく冷やしたワインの温度が上がってしまいます。

そんなに神経質にはならなくていいのですが、嫌がる人もいます。気のおけない人なら、なくなってから冷たいワインを注いだほうがいいか、聞いてみましょう。

また、高級ワインの場合は、グラスの中で空気に触れることで香りが開くのを楽しみます。注ぎ足してしまったら、せっかく開いた香りを消すことになってしまいます。この場合も相手に聞いてみるか、グラスが空になってから注ぎましょう。

モテる男は、食後酒にはコレを飲む

デートの締めのお酒

食事が終わった後には、食後酒でまったり愛を育みたいところです。

「アペリティフ」はフランス語で食前酒の意味。食後酒は「ディジェスティフ」と言います。

食後酒とは、食事の後の余韻を楽しむためのものです。**アルコール度数の高いもの、**

甘口のもの、香りが強いものが向いています。

それは、アルコールが消化を促進し、満腹感を和らげるからです。それに食後にデザートを食べるように、最後に甘口のワインを飲むことで、いっそう満足感が得られるのです。

「終わり良ければすべて良し」というように、最後に最高においしいワインをおさえておけば、すべてがハッピーになるのではないでしょうか？

食後酒は、デートの締めに大切な役目を果たしてくれるのです。

おさえておきたい3つの食後酒

食後酒には大きく分けて3つのタイプがあります。

アイスワインや貴腐ワインなどの**「デザートワイン」**。

シェリーやポート、マデイラのような**「酒精強化ワイン」**。

グラッパやコニャック、マールなどの**「ブランデー」**。
以上の3つから選びましょう。

女性も喜ぶ、大人の極上スイーツ「デザートワイン」

デザートワインとは、ブドウの甘みをギュッと凝縮した甘口ワインのこと。

デザートワインにはいくつかの種類がありますが、今回はちょっと高級なデザートワイン2つをご紹介します。

●アイスワイン
トロッとした上品な甘さで、まるで高級スイーツを味わっているような極上の甘口ワインです。凍結したブドウから搾汁すると凝縮された果汁が得られ、糖分が増すため、凍った完熟ブドウから造られています。

よく、ブドウを収穫してから人工的に凍らせると思われがちですが、実は**樹になっている状態のブドウが氷結したものを収穫**します。

つまり、自然環境で凍ったままの状態のブドウを一つひとつ手摘みするのです。そのため、収穫は気温マイナス8度以下の夜明けとなりますので、とても大変な作業ですよね。

この手間がワインをおいしく、また高級にさせるのです。

ドイツやカナダなどの寒い地域でしか造れないため、生産量も少なく、まさに大人の極上スイーツなのです。

甘いものが苦手な私でも、このトロリとした上品な甘さにはメロメロになります。

甘いものが好きな女性はもちろん、苦手な女性でも喜んでもらえそうな極上ワインです。

◉貴腐ワイン

独特な香りを持ち、複雑な風味と濃厚な甘みがあります。アイスワインと同様、まるで高級スイーツを味わっているような極上の甘口ワイン。

果実から水分を抜き、糖度のある果汁を得るために、貴腐菌（ボトリティス・シネレア）をつけたブドウから造られます。ブドウが貴腐菌に感染すると腐敗した干しブドウのような状態になり、これを「貴腐ブドウ」と呼びます。**特殊な気候条件でないと造れない**ため、高級ワインとなります。

ドイツの「トロッケンベーレンアウスレーゼ」、フランスの「ソーテルヌ」、ハンガリーの「トカイ」は、世界3大貴腐ワインと呼ばれています。

その中でも世界最高と言われている貴腐ワインが「シャトー・ディケム」です。価格はヴィンテージによって変わりますが、5万〜10万円です。プロポーズや大切な記念日に飲んでみるのもいいですよ。

アルコール度数を高くしてまったり「酒精強化ワイン」

醸造過程でアルコールを添加してアルコール度数を高くしたワインのことです。シェリー、ポート、マデイラは3大酒精強化ワインと呼ばれています。

●シェリー

シェリーとは、スペインのアンダルシア地方で造られ、ブドウ品種は「パロミノ」「ペドロ・ヒメネス」「モスカテル」を使い、ソレラシステムという独特な熟成方法によって造られます。

造り方によって辛口や甘口、熟成タイプとなりますが、食後酒に選ぶなら、濃厚な甘口タイプがオススメです。

●ポートワイン

ポートワインとは、ポルトガルのポルトで造られ、一般的にはコクのある甘口になります。それは、まだ糖分が残っている発酵中にアルコール度数77度のブランデーを添加して造られているからです。

●マデイラワイン

ポルトガルのマデイラ島で造られ、ブドウ品種によって辛口から甘口まで明確な味の違いが生まれます。

ポートワイン同様、発酵中にブランデーを添加しますが、それから樽に入れてなんと！　加熱熟成をするのです。そのため独特な風味がつきます。

ワイン尽くしで締める「ブランデー」

ワインを蒸留したお酒です。

ブランデーにはたくさんの種類がありますが、ブドウの搾りかすを原料としてイタリアで造られている**「グラッパ」**をオススメします。同じようにブドウの搾りかすが原料で、フランスで造られているものを「マール」と言います。

食後酒に合わせるカッコいいおつまみ

食後酒はそのままでも十分楽しめますが、おつまみを選ぶなら、**ドライフルーツ**や**チョコレート**がよく合います。

ちょっとアレンジしたいなら、**ブルーチーズにハチミツをかけたもの**やドライフルーツにウォシュタイプのチーズをつけるものがオススメです。

極上の甘口ワインにビスコッティ（イタリアの固いビスケット）を浸して食べるのもカッコいい食べ方です。

第4章

リラックスして楽しめ、予習にもなるワイン術
――家飲み篇

ワインの価格と味のカラクリ

ワインの価格はどのように決まる?

ワインは、100万円以上するものもあれば500円以内のものもあり、価格差が広い飲み物です。

では、ワインの価格はどのように決まるのでしょうか?

それは、**ワインを造るときのコストの違い**によります。ひと口にワイン造りと言っても、ブドウ栽培や醸造方法はさまざま。

高品質のワインを造るためには、品質の高いブドウを使い、栽培や醸造にたっぷりと手間をかけます。

手間ひまをかける分、人件費や設備費用がかかるので、ワインの価格も高くなります。

例えば、機械を使って収穫すれば、時間も短縮でき人件費もあまりかかりません。

一方、一つひとつ丁寧に手摘みで収穫し選果作業を行なうと、時間と手間が必要となるわけです。


さらに、**1本のブドウの樹からどれくらいのブドウを収穫するかによってもワインの価格は変わってきます**。

高品質のブドウを作るには、剪定《せんてい》や房切り作業によって収穫できるブドウの数を減らします。高級ワインとなると、通常の1割ぐらいまで落とすので、ボトル10本分のワインができるところが1本になってしまうのです。価格が高くなるはずですよね。

醸造方法でも同じことが言えます。樽を使う場合には、高級な新樽を使うか中古の樽を使うかによってコストは変わってきます。さらに、樽を使わずにステンレスタンクで熟成することによっても変わってきます。

また、**瓶詰めする際にエチケットやコルクの品質やデザイン**にこだわりを強くすれば、コストがかかってきます。

このように、コストをかければかけるほどワインは高くなるのです。

ワインの価格はおいしさと比例しない

コストをかけた高いワインが良質なのは当然ですが、必ずしもおいしさと比例するわけではありません。

ワインは、世界中で造られており、フランスやイタリアなどの有名産地（旧世界）で造られるものと、チリや南アフリカなどのニューワールドで造られるものとでは、土地の価格や人件費、コルクやエチケット、瓶など、基本的なコストに大きな差があります。

仮に同じ品質なら、フランスワインよりもチリワインのほうが安いといったように、基本コストによってワインの価格が違ってくるわけです。

ですから、**上質なワインだけど安いものを探すことが可能**になります。

1万〜2万円のワインはどれも上質で香りが違いますが、2000円のものが5000円のものより優れていることは多々あります。

コスパがいい、お得感のあるワインを見つけることは、私の楽しみでもあります。

そこがワイン探しの魅力の1つでもあるのです。

価格は跳ね上がるもの

では、数十万、数百万の高額ワインはどうなのでしょうか？

20万円くらいまでのワインは、ワイン造りにかかるコストで差がついている場合がほとんどですが、それ以上となると、コスト以外の要因によって高値になっている可能性が高くなります。

その要因とは、**市場に出回っていないという希少性**、もしくは、**著名な評論家が高い評価を与えることによる付加価値**です。

また、数百万以上のワインに差をつけることは困難です。

ロマネ・コンティはおいしいワインですが、だからと言って他のどのワインよりおいしいということでもありません。「何百万円という価格のわりには……」ということもあります。何百万円のおいしさの価値があるのかは、正直難しいところです。

コスパの高いワインを見つける方法

家飲みでは、1000円台〜1000円以下でセレクト

あなたはどのくらいの頻度でワインを飲みますか？

頻繁に飲むとなると、やっぱり気になるのは金額ですよね。2000〜3000円のワインを毎日飲んでいたら、出費がかさんでしまいますよね。

家飲みでは、1000円台もしくは1000円以下でおさえたいものです。私が働いているお店でも、デイリーワインとして人気なのはこの価格帯です。安くておいしいワインを見つけたいですよね。

ここでは、**コスパの高いワインを選ぶポイント**を伝授します。

ニューワールドのワインを選ぶ

コスパ重視の家飲みなら、チリ、アルゼンチン、南アフリカ、オーストラリアなどのニューワールドのワインを選びましょう。

ニューワールドの気候はブドウ栽培に適しており、ブドウ作りに手間やコストをあまりかけなくても高品質のブドウがすくすくと育っていきます。

それに、土地や人件費が安く、ワインボトルやコルク、エチケットなども安く、ワイン造りにおいてもコストがあまりかかりません。

ですから、コスパの高いワインが生まれるのです。

日照時間が短く酸味が強くなる旧世界とは違い、ニューワールドは日照時間が長いため、濃厚な果実味となります。

そのため、口当たりが良く、酸や渋みが少なく飲みやすいワインが多いので、特に初心者の方にオススメです。

1000円台、10000円以内で買わないほうがいいワイン

1000円台、10000円以内で買わないほうがいいのは、フランス、イタリア、ドイツなどの**有名産地のワイン**です。

特に、フランスではボルドー、ブルゴーニュ、シャブリ、イタリアではキャンティ。

最高品質を造る産地なので、あまり安い価格のものだとクオリティが良くない可能

性が高くなるのです。

でも、どうしても旧世界のワインが飲みたいのであれば、南仏、シチリア、スペイン、ポルトガルを選ぶとコスパのいいワインに当たる確率があります。

白ワインなら、若いヴィンテージのものが狙い目

低価格帯でコスパの高い白ワインを選ぶときには、若いヴィンテージを探しましょう。

２０００円以下のコスパワインは熟成向きには造っておらず、お店に並んでいるときがもう飲み頃ですから、新しいワインを選んでくださいね。

最も新しい年のヴィンテージを探すのがポイントです。

スパークリングワインを選ぶなら「カヴァ」

本書でもすでに紹介していますが、**「カヴァ」**とは、シャンパンと同じ製法（瓶内二次発酵）で手間をかけて造られているスペインの本格的なスパークリングワインです。コスパが高く、2000円以下で買えるのでオススメです。

1000円以下のコスパワインは、この本を読んでくださった読者限定で、http://2545.jp/takeuchi/ から**無料ダウンロード**できます。

究極の家飲み用コスパワインを、あなたのワインライフにぜひご活用くださいね。

【購入場所別】家飲みワインを選ぶポイント

用途に合わせて、購入場所を選ぶ

スーパー、コンビニ、ワインショップ、デパート、ネットとワインを扱う店はいろいろありますが、あなたはどこでワインを購入しますか?

目的は、自分が家飲みするため、贈り物をするため、知人への手土産のため、バーベキューやお花見などの外飲みのためとさまざまですが、それぞれの用途に合う購入場所があるのをご存知ですか？

スーパーでワインを買うなら、デイリーワイン

身近にあるスーパーは気軽にワインを購入できます。それに、夕食のメニューを考えながら、ワインをチョイスできますね。

最近、スーパーでのワインの品揃えが豊富になってきて、ズラリと並ぶたくさんのワインからどれを選んでいいのか悩むようになりました。

どんなワインを選んだらいいのでしょうか？

オススメは、**700〜1500円ぐらいのデイリーワイン**です。

それは、スーパーに置かれている日常的な商品と同じような価値観で買えるように1000円台のワインに力を入れているからです。

つまり、安くておいしいワインが充実しているので、家飲み用に向いているのです。

友人の家に遊びに行くときのちょっとした手土産にも活用できます。

スーパーで高級ワインを買う人はあまりいないので、高級ワインはなかなか売れません。ということは、長く置きっぱなしにされていることになりますよね。

ワインは保存状態が良くないと劣化してしまいます。ワインセラーで管理されているなら問題はありませんが、セラーがあるスーパーはあまりありませんので、スーパーで高級ワインを買うのは避けましょう。

スーパーでチェックするポイント

ワインの裏ラベルを見てみましょう。

表ラベルは、それぞれ造られた国の言語で書かれているので、なかなか読めないし理解するのが難しいですよね。

でも、スーパーで売っているワインのほとんどが**裏ラベル**に日本語で説明が書いてあります。**ワイン名、ブドウ品種、味のタイプ、コメント、合わせる料理**までわかりやすく書いてあるので、それを読めば、自分の飲みたいワインを見つけることができるのです。

また、棚にはオススメのワインのコメントやスタッフが試飲した際のコメントが書いてあったりします。

ボトルの首にはコンテストで受賞したことを示すメダルがかかっていることもあります。チェックするといいですよ。

コンビニワインは、ひとり飲みや外飲みに最適

24時間営業のコンビニは、いつでも買いに行けるので、とても便利です。夜にワインが飲みたくなったときや急に友達が来たときに気軽に買いに行けますよね。

それに、すぐに食べることができる手軽なおつまみが豊富です。

コンビニでは、**1000円以下のワイン**を選びましょう。

手軽に飲める低価格帯のワインに力を入れており、売れ行きがいいのも1000円以下のワインです。

ですから、その分回転率がいいのです。熟成タイプのワインは、コンビニには置いていないので、**回転率のいいワインのほうがおいしく飲める**のです。

飲みきりサイズの小容量ワインは、ひとり飲みに向いています。

また、白ワインやスパークリングワインは冷蔵してあるので冷やす手間が省け、バーベキューやお花見などの外飲みにも活用できます。

そして、スーパーで売っているワインと同様、裏ラベルを見ること。ほとんどが裏ラベルに日本語でワインの説明が書いてあります。

ワインショップのメリット

ワイン専門店には詳しいスタッフがいますので、ワインについての知識をいろいろと教えてくれます。

ワイン選びのお手伝いや相談にも乗ってくれますし、ほしい銘柄がない場合は、取り寄せてくれます。

ソムリエナイフやワイングラス、保存器具などワイングッズが充実しているので、一緒に購入できます。宅配もしてくれるので、荷物にならず大量買いも可能です。

ワインショップでチェックするポイント

ワインショップでのポイントは、**POPを見る**ことです。

POPには、ワイン名、ブドウ品種、生産国、スタッフが試飲した手書きのコメントなどが書かれています。

ブドウ品種や国別に棚に並べてあるところも多いので、どのように並べられているのかチェックしましょう。

スタッフのオススメコーナーには、掘り出し物が見つかるかもしれませんね。

探しているワインがあるなら、ワインショップへ

ワインショップでは、なかなか手に入らない珍しいワインを買うことができますし、探しているワインがあれば相談に乗ってくれます。

料理名を伝えると、それに合わせたワインを教えてくれるので、家飲み用やホームパーティ用、レストランへの持ち込みにも向いています。

高額ワインはワインセラーで管理をしているので品質が良く、ちょっと高いワインを購入するなら、ワインショップが最適です。

ワインの好きな方への贈り物にも活用できます。

デパートのメリット

デパートではワインショップ同様、専門のスタッフがいますので、**ワイン選びの相談に乗ってくれます。**

さらに、試飲できるワインもあるので、味を確認して買うことができます。ワインに合わせてデパ地下のお惣菜も一緒に買えるのも魅力ですね。

デパートのワインは、**箱つきのワインが豊富**なので、**贈り物に最適**です。デパート限定のワインもありますので、限定品が好きな方にオススメです。

また、ワインセラーで保管されているワインもありますので、安心して高額ワインが購入できます。

デパートでチェックするポイント

ワインショップと同じく、**POPをチェック**することが重要です。コンテストに入賞したワインを集めたコーナーや人気ベスト10がまとめて置いてあるコーナーもありますので、チェックしてみると、いいワインに出会えるかもしれません。

ネットで買うなら、デイリーワイン

今やネットで買い物する人は増えていて、プレゼントワインをネットで探す人も少なくありません。しかし、**実店舗があり定評のある店のネットサイト以外での購入には、注意が必要**です。

世の中にはフェイクのワインが出回っており、どんな保管状態だったのかがわかりません。特に、オークションで買うのは危険です。

プレゼントワインなのですから、名のあるところや信頼できるソムリエがいる店で購入したほうがいいでしょう。

1500円以内ぐらいでデイリーワインを買うなら、ネット購入はオススメです。配達してくれるので、重いワインを持ち運びしなくて済みますし、大量買いには向いています。

ただ、状態が心配な場合もありますから、信用できるサイト以外は低価格帯ものにしておきましょう。

ワインを購入するとき、それぞれの目的に合わせて購入場所を使い分けてみてください。そうすれば、ぴったりのワインにたどり着けるはずです。

「ワインの賞味期限」

熟成すればするほど、おいしくなるのか？

お客様から「2、3年前に友人からもらったワインがあるのですが、まだ飲めますか？」とよく聞かれます。

ワインはボトルの中でも熟成していくので賞味期限はなく、熟成によって香りや味わいが変化していくワインは、不思議な生き物（!?）なのです。

とは言っても、ワインは熟成すればするほどおいしくなるというものでもなく、飲み頃のピークというものがあります。

早く飲んだほうがおいしく飲めるように造られたものもあれば、2～3年熟成するように造られたもの、10年以上熟成をするとおいしくなるものなど、ワインによってピークが違うのです。

大きく分けて、**「早飲みタイプ」「通常タイプ」「長期熟成タイプ」**があります。

目安としては、早飲みタイプは1～3年、通常タイプは2～10年、長期熟成タイプは5～30年ぐらいで飲み頃のピークを迎えます。

飲み頃のピークの見抜き方

では、どうやってタイプを見分けたらいいのでしょうか？

それは、**価格から見分ける**ことができます。

1000円台は早飲みタイプで白ワインは1〜2年ぐらい、赤ワインは1〜3年ぐらいが飲み頃です。

このタイプに該当するボジョレー・ヌーヴォーは、できるだけ早く飲むのがベストです。毎年11月の第3木曜日が解禁日ですので、年内には開けて飲むことをオススメします。

1000〜5000円のワインは、通常タイプで2〜10年ぐらいが飲み頃。1万円以上するワインは、長期熟成タイプとなります。

家でのワインの保管法

お客様から「ワインは家のどこに置いたらいいですか?」とよく聞かれます。ワインの保管場所に悩んでいる人は多いようですね。

ワインの保管は、**温度変化が少なく、振動がなく、光が直接当たらない暗い場所**が最適です。

温度は12〜15度、湿度は70〜75%がベストです。

とは言うものの、日本には四季があり、家の中で温度変化のない場所なんてなかなか見つからないですよね。

そこで、外気より温度変化が少ない状況を作るようにします。気温が上がりすぎると液漏れしてワインが傷んでしまいますので、まずは陽が入らない部屋や温度が上がり過ぎない涼しい場所を探します。例えば、床下収納やクローゼットなどです。そこに発泡スチロールや厚めのダンボールを敷いて、横に寝かして保管します。

すぐに飲むのであれば、冷蔵庫に入れておくのもアリです。

しかし、野菜室や扉側は開け閉めが多く、振動が伝わりやすい場所です。振動はワインの保存には良くないので、動きのない場所に寝かせておきます。

「保管が心配」と言う人は、一度にたくさんのワインを買わずに（ケース買いしてしまう気持ちもわかりますが……）、飲む量を考えて購入しましょう。ワインショップや酒屋では、温度管理がされているので安心ですよ。

10年以上寝かしておきたい高級ワインだったら、ワインセラーの購入をオススメします。傷んでしまったら、せっかくのいいワインが台無しですからね。

古いワインを買ったときの保管法

古いワインを買ったら、まず涼しいところ（セラーに立てるスペースがあるのが理想的）に数日間立てておきましょう。その後、エチケットを上にして寝かせます。そうすることで、澱がボトルの底に溜まります。

飲むときは、あまりボトルを動かさず、エチケットを上にしたままで抜栓できれば上級者です。パニエを使うと、ボトルを寝かしたままスムーズに抜栓できます。

可能ならば、その後、デキャンタに澱を残し、上澄みだけを移せれば、にごりなく飲めます。

ただし、これは、ボルドーあるいは色素やタンニンの多いワインに限ります。

ワインセラーの温度

今や、ワインセラーを持っている人も少なくありません。

お客様からワインセラーに関してのさまざまな質問や相談を受けますが、よくあるのがセラーの設定温度です。

一般的には**11〜13度ぐらいが適温**とされています。確かに長期保存やシャルドネなどの白には向いています。

しかし、**赤をたくさん持っている人は、15〜16度**がオススメです。ブルゴーニュ（ピノ・ノワール）ならそのまま飲める温度ですし、ボルドーなどのタンニンの豊富なものも一度のデキャンタですぐ飲み頃になります。あるいは、食事の15〜30分前に出しておけば大丈夫です。

つまり、今、飲むための温度設定のほうがオススメなのです。バックヴィンテージは意外と手に入りますし、何十年も寝かせる必要はありません。

ほとんどがシャンパンという人だったら、10～11度だとすぐ飲める温度になります。

つまり、どのタイプのワインを多く持っているかで変わってくるのです。

大人数でワインを飲むとき、ワインは何本用意する?

バーベキューやホームパーティなど大人数でワインを飲むときに、ワインを何本用意したらいいのかと悩んだことはありませんか?

グラスワイン1杯の量は、通常100～120mlです。ワインはフルボトルで750mlなので、**1本で6～7杯分**となります。一人何杯飲むかを考えて、その人数分をかければ、だいたいの本数が決まります。

持ち寄りのホームパーティで事前に決めること

●料理を決める

例えば、パエリア、手巻き寿司、焼肉、鍋、鉄板焼き、餃子、タコス、ピザ、チーズフォンデュ、たこ焼き、すき焼きなど、テーマを事前に決めておけば、ワイン選びがしやすくなり、来てくれるお客様も手土産を選ぶのが楽になります。

●金額を決める

ワインの金額を決めておきましょう。

ある人は、数万円のワイン、ある人は1000円のワインとなると、安いワインを持ってきた人の立場がなくなります。「1本3000円前後」あるいは「1本2000

0円前後」など、あらかじめ決めておきたいものです。

●ワインの種類を決める

ワインの種類を決めておきましょう。

「それぞれが好きなワインを持ってくる」とすると、同じタイプばかりでかぶってしまうことも多々あります。「5本もスパークリングワインだった……」みたいなことが起きます。

あなたは泡もの、あなたは白ワイン、あなたは赤ワインなど、どんな種類のワインを持ってくるのかを分担しておくといいですよ。

また、持ち込むワインは、可能な限りすぐ飲める温度にしておきたいところです。泡ものや白ワインは冷やすのに時間がかかりますし、ワインクーラーがない場合もあります。

デキャンタが必要な古いワインは、移動に向かないので避けたほうがいいでしょう。

ておきましょう。

「どうしても」という場合は、早めにホームパーティをする家に預けて、澱を落とし

●ワイングラスを決める

レストランではワインを変えるたびにグラスを変えますが、ホームパーティではグラスを一人一個と決めておくと便利です。

家にグラスが多様、多数あることはまずありません。

ワインを変えるときは、グラスにお水を注いでクルクル回し、軽くゆすげば、ワインの味が混ざるのを防げ、グラスを洗って拭く手間が省けます。

ただし、高級ワインを開ける場合は、グラスを持ち寄りすることをオススメします。

せっかくいいワインを飲むのなら、グラスにはこだわりたいものです。そんなときは、シャンパングラス、白ワイングラス、ピノ用グラス、ボルドー用グラスと、みんなで分担してグラスを持ち寄りしましょう。

ワインを飲むときのおいしい温度

ワインのおいしい温度

ワインには、おいしく飲める温度があります。

ワインの温度が低いと、酸やタンニンが強くなります。温度が高いと、香りがよく立ちタンニンがまろやかになります。

このように、温度の違いによってワインの味わいが変わります。

ワインのタイプによって、それぞれおいしい温度があります。以下の温度を参考にしてください。

◎シャンパンやスパークリングワインなどの発泡性ワイン……2～5度
◎酸味の利いたキリッとした白ワイン・甘口の白ワイン……6～10度
◎コクのある高級白ワイン……10～13度
◎渋みが少なくフルーティなライトボディの赤ワイン……14～16度
◎渋みのあるしっかりしたフルボディ……16～18度

ワインの冷やし方

最適の温度がわかっても、ワインをその温度にするのはなかなか難しいですよね。
そこで、簡単にできる目安をお教えしましょう。

時間のある場合は、冷蔵庫で冷やします。

◎甘口や発泡性ワイン……6時間
◎辛口の白ワイン……2〜3時間
◎ライトボディの赤ワイン……1時間

冷蔵庫で冷やす時間がないときは、ワインクーラーに氷水を入れ、ワインボトルを首の部分まで浸けます。

1分で1度下がるので、室温から最適の温度を引いた時間だけ冷やします。ボトルをクルクル回すとより早く冷たくなります。急いでいるときは、氷水に塩を少し入れるともっと早く冷えます。

ワインクーラーがない場合は、ボウルでもかまいません。

ワインを冷やすグッズでオススメなのが、外飲みで便利なワインクーラーバッグです。持ち運びできるビニールのバッグで、氷と水を入れるとクーラーになるのです。場所を取らずにそのまま運べるので便利です。

急いでワインを冷やしたいときの裏ワザ

どうしてもすぐに飲みたいときは、**デキャンタ**をワインクーラーに入れて1～2杯分のワインを注ぎます。

デキャンタの薄いガラスはすぐに冷えて、ワインを入れたときに一瞬で冷たくなります。

また、冷えすぎたワインの温度を上げるときにも、デキャンタが活用できます。

冷蔵庫に保管してあったワインを飲むおいしい温度

冷蔵庫で保管してあるワインをおいしい温度で飲む目安は、冷蔵庫からワインを出すタイミングを計ることです。

シャンパンや**スパークリングワイン**、**ロゼワイン**、**甘口のワイン**、**キリッとスッキリした白ワイン**は冷蔵庫から出してそのまま飲めます。

コクのある白ワインや**渋みが少なくフルーティな赤ワイン**は、飲む1時間前に冷蔵庫から出しておけばいいのです。そのとき、なるべく20度くらいの室温の場所に置きましょう。

渋みが強くてしっかりとした赤ワインなら、飲む3～4時間前に冷蔵庫から出しておくと適温になります。

食卓でおいしい温度を保つには？

　ワインを飲み始めたら、ワインボトルはワインクーラーやボウルに入れて冷やしておけばいいのですが、「氷や水をたっぷり用意するのがめんどう」と言う人も多いでしょう。

　そんなときには、**テラコッタ製やプラスチックの二重構造のワインクーラー**がオススメです。氷なし、あるいは少しの氷で温度を維持してくれます。

　他には、保冷剤入りのワインクーラーがあります。事前に冷凍庫で冷やしておいてボトルに巻くだけ、あるいはかぶせるだけで温度をキープできるのです。

　また、ワインを勉強していくと、「このワインは何度、あのワインは何度くらい」とわかってきます。

　しかし、ボトルの中の温度がピッタリだと、グラスに入れてから温度上昇で狂いが生じます。大きなグラスだと1度ぐらい簡単に上がりますし、デキャンタすると、さらに温度が上がります。

少し低めの温度から始めると、終盤に一番おいしい温度でフィニッシュできますね。

赤ワインは冷やしてはいけないのか？

夏は赤ワインでも冷やして飲みたくなるものです。

「赤ワインは冷やしてはいけない」とよく聞きますが、どうしてなのでしょうか？

それは、赤ワインは渋みが多く含まれているからです。渋みの強いもの、色素の濃いものは、**冷やすことによって渋みをより強く感じるようになり、香りも立ちにくくなります**。

さらに**澱が発生しやすくなります**。そうすると、見た目だけでなく舌にざらつきを感じ、不快な感触を残します。

では、どうして澱が発生しやすくなるのでしょうか？

水は温度が低いと氷になります。油も熱いと溶け冷たいと固まります。それと同じで、澱になる成分も低温のほうが結晶化しやすいのです。

ですから、冷やしておいしい赤ワインの特徴は、渋みが少なく口当たりがなめらかなもの、香りの華やかなもの、果実味をたっぷり感じるものです。

暖かい地域で造られたワインは果実味が豊かなものが多いので、地域で選ぶのもアリです。

場所によって例外もありますが、チリ、アルゼンチン、シチリア、カリフォルニア、南アフリカが目安となります。

他には、ボジョレー・ヌーヴォーでおなじみの「ガメイ」という品種も渋みが少ないのでオススメです。

カッコよく開ければ、スクリューキャップも悪くない

スクリューキャップのワインは安物だと思ったら大間違い

ワインの栓がスクリューキャップのものは、安いワインだと思っていませんか？

そんなことはありません。**1万円以上するワインでもスクリューキャップのものはありますし**、ニュージーランドでは99%のワインがスクリューキャップを採用しています。ここ数年、各国でもワインの栓をコルクではなく、スクリューにするワイナリーが増えてきました。

それは、スクリューキャップにはさまざまな利点があるからです。

では、どんな利点があるのでしょうか?

長期熟成に向いていると言われてきたコルクですが、今や長期熟成されているスクリューキャップのワインは世界中に存在しています。

まったく同じワインをコルクとスクリューキャップのボトルに詰めて、30~35年ぐらい熟成して飲み比べをする実験をしたところ、どちらも同じように品質が保たれていたという結果が出たそうです。

それなら、スクリューキャップでの長期熟成も問題ないということになりますね。

スクリューキャップは、横に寝かせておかなくても保存できる

通常、「ワインを熟成させるときには、ボトルを横に寝かせておいてください」と言われます。

それには理由があるのです。

横にすると、ワインの液体がコルクのほうに流れて、湿った状態になります。そうすることで、コルクの乾燥を防いでくれるのです。

一方、ボトルを立てて置くと、コルクが乾いてしまいます。コルクが乾燥することによってコルクが縮んで、ボトルとコルクの間に隙間ができ、ワインが空気に触れて酸化してしまうのです。酸化が進むと、ワインは劣化します。また、コルクが乾いていると、コルクが抜きにくくなったり、割れてボロボロになってしまうことがありま

す。せっかくのワインにコルクの屑が入ったら台無しですよね。

その点、スクリューは乾燥しないので、わざわざ寝かせておく必要がなく、横にしても立てておいてもどちらでも保存ができます。

スクリューキャップが使われるようになったわけ

スクリューキャップのメリットを考えてみましょう。

天然コルクは高価なのでコストがかかりますが、スクリューは低価格でコストが削減できます。

スクリューキャップの利点は経済的な理由だけではありません。意外ですが、**天然コルクはワインを劣化させてしまう可能性がある**のです。

天然コルクはコルクガシの樹皮をくり抜いて作るので、品質にばらつきがあり、穴が開いているものもあれば、虫食いのものもあります。そうすると、液漏れなどによってワインが酸化してしまうのです。

また、コルクの汚れやカビによって異臭が生まれてワインが劣化する恐れもあります。一般的にワイン全体の5％ぐらいの確率でブショネ（コルクの傷みが原因のワインの劣化）が発生すると言われています。

せっかく造ったワインがダメになってしまうのは、造り手にとってリスクがありますし、消費者にとっても購入したワインが劣化していたら残念ですよね。

この問題を解決するために、コルクに似せて作られた合成樹脂コルクが登場しました。しかし、密閉度が低く、なおかつ開けにくいという欠点があり、スクリューが広く使われるようになったのです。

こう考えると、**気密性や安全性に優れたスクリュー**を評価したくなりますね。

とはいうものの、コルク栓には「抜栓を楽しむ」という重要な役割があります。スマートにコルクを開ける儀式は、ワインを味わう際に欠かせません。

実際、レストランではコルク栓が圧倒的に好まれます。「コルクを抜いてサービスしてもらいたい」というお客さんの希望が多いのも事実です。

私も飲食店のオーナーから「このワイン、おいしいけど、スクリューじゃなくてコルクだったらいいのになあ」と言う声をよく聞きます。スクリューは安物ワインというイメージがあって、お客さんに提供しにくいのだそうです。

注文したワインがスクリューキャップだったら、さりげなくスクリューのすばらしい点を説明してあげてください。食事もおいしくなり、男も上がりますよ。

スクリューキャップをカッコよく開ける方法

最後に、スクリューキャップのカッコいい開け方を紹介しましょう。

次ページの図の方法を覚えておけば、コルク栓をソムリエナイフで「シュポッ」と開けるのに負けないクールさを演出できます。

スクリューキャップの
カッコいい開け方

1

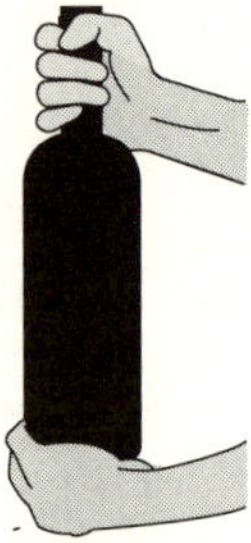

一方の手でキャップのミシン目より下の部分を持ちます。もう一方の手でエチケットが見えるようにボトルの底を持ちます。

2

キャップを持った手を固定し、底を持った手でボトルを時計回りに鋭く回します。

3

カチッと音がしてミシン目が切れたらキャップを外します。

カジュアルワインのおいしい飲み方

1つのグラスで兼用するなら、このグラス

ワインはグラスの形やサイズによって香りや味わいが変わります。

そのため、ワインのタイプ別に適したワイングラスが数多くあるのです。ブドウの品種別に作られているグラスもあります。

その中でも、知っておくと便利なのは次の5種類です。

●フルート型

縦長で細めのタイプ。一般的にシャンパン用に使われるグラスです。立ちのぼる泡をゆっくり目で楽しめる形になっています。また、炭酸が抜けにくい構造でもあります。

●ソーサー型

横から見ると逆三角形になっていて、口が広く炭酸が逃げやすいので、乾杯のときなどひと口で飲み干すタイプ。シャンパンタワーのようなイベントやパーティの乾杯で使われるグラスです。

●ボルドー型

幅広く使えて一番ポピュラーなグラスです。空気に触れる面積が少ないので、少しずつ時間をかけて立ち上がる香りを楽しめます。タンニンが強く酸味の控えめな赤ワインに向いています。長期熟成ワインにも適しています。

●ブルゴーニュ型

大きなボウルが特徴で飲み口部分が外開きになっているグラスです。空気に触れる面積が大きいので、香りがすぐに立ちます。酸味が強く、タンニンが控えめな赤ワインに向いています。また、コクのあるしっかりとした白ワインにも適しています。

●白ワイン用

通常、冷やして飲む白ワインは、温度が上がらないように赤ワイン用よりも小ぶりに作られています。特に、爽やかでスッキリとした白ワインに適しています。

1つのグラスで兼用する場合は、まずはボルドー型を選びましょう。

グラスの形によってワインの香りや味わいが違うことがわかってきたら、いろんな種類のグラスがほしくなるはずです。ワインの味わいにあったグラスを見つける楽しみが増えますよ。

おいしく飲むためのグラスの温度

よくビールグラスをキンキンに冷やす人がいます。私もビールはよく冷えたグラスで飲むのが好きです。

では、ワイングラスはどうでしょうか?

赤ワインは冷やして飲まないので別として、白ワインやよく冷やして飲むスパークリングワインのグラスは冷やしてもいいのでしょうか?

例えば、シャンパンを冷やしたグラスに注ぐと、確かにシャンパンは冷えますが、意外とぬるく感じます。

なぜなら、唇にまずグラスが当たってひんやり感じるので、あとから流れてくるシャンパンは、それより冷たく感じないわけです。

ビールのようにグラス満タンに注ぐと温度は同化しますが、ワインのようにグラス満タンに注がない場合は、

「グラスが冷たい」→「液体はそうでもない」

と感じてしまうのです。

ですから、**ワイングラスの温度はそのままがいい**のです。

カジュアルワインは、コップで飲んでもOK

高いワインには複雑な味や個性があるので、ワイングラスで飲むと香りが立ち、その味わいが引き立ちます。

しかし、安いカジュアルワインは単調なので、ワイングラスで飲むと香りが飛んで

しまう可能性があります。さらに、ワインの欠点が強調されやすくなります。

安いワインはワイングラスで飲むより、コップで飲むほうがおいしくなるのです。

イタリアやスペインでは、コップでワインを飲んでいる光景をよく見ますし、ワイン大国フランスでもカジュアルワインはコップでゴクゴク飲んでいます。

カジュアルワインは、少し冷やしたほうがおいしい

白ワインはもちろん冷やしますが、安いカジュアルワインは赤ワインでも少し冷やしたほうがおいしくなります。

それは、渋みや酸味がはっきりしたものや複雑味がなく、果実味が多いからです。

果実味が多いと甘みを感じるので、冷やすことで味が引き締まるのです。

氷や炭酸水で割るのもアリ

イタリアへワイナリー研修に行ったとき、ワインをコップに入れて氷や炭酸水で割って飲んでいる人をよく見かけました。スペインやフランスでも氷を入れたり、炭酸水で割って飲むことは珍しくありません。最近では、氷を入れて飲むように造られたスパークリングワインもあります。

日本では「ワインに氷を入れるの？」「割って飲むの？」なんて軽蔑されがちですが、安いカジュアルワインは、氷を入れても割って飲んでもまったく問題はありません。むしろ、そのほうがおいしく飲めることもあるのです。

「せっかく買ってきたのに、あまりおいしくなかった」というワインも、炭酸水で割ったり、すだちやライムなど入れればおいしく飲めます。

もちろん、いいワインは割って飲んだらもったいないので、やめましょうね。

ワインと炭酸水を1対1で割れば、アルコール度数が低くなるので、あまりお酒の強くない人でも楽しめますし、お昼飲みに気軽に楽しめます。

また、夏の暑い日や野外のバーベキューなどでは、氷を入れて炭酸水で割るとゴクゴク飲めてオススメです。

ぜひ騙されたと思って、チャレンジしてみてくださいね。

家飲みワインと料理の合わせ方

ワインはどんなジャンルの料理とも合わせられる

料理とワインは切っても切れない関係で、組み合わせがぴったりいくとおいしさが倍増します。第3章で一番簡単なマリアージュ「色の法則」についてお話ししました。

ここでは、もう少し踏み込んで、具体的に家で食べる料理とワインの合わせ方を見ていきましょう。

お客様から「今日、すき焼きをするんだけど合うワインありますか？」「焼肉にはどんなワインが合いますか？」「友達の家で鍋パーティをするんだけど、どんなワインを持っていったらいいですか？」「お好み焼きに合わせるワインは？」「餃子パーティにオススメなワインは？」など、料理に合うワインについて、とてもよく聞かれます。

クリスマスのためにお客様が買ってきたローストビーフやチキン、前菜などを見せられてワインを選ぶお手伝いをしたこともあります（笑）。

お客様からワインの相談を聞いていると、料理とワインの組み合わせに悩む人は多いのだと感じています。

ワインはフレンチ、イタリアンはもちろん和食、中華料理、韓国料理、エスニック料理と、どんなジャンルの料理とも合わせることができます。

それは、**ワインは世界中で造られており、味わいの幅が広くいろいろなタイプのワインが存在している**からです。

ワインと料理の方程式
似ている要素で合わせる

まず、**ワインと料理が持つ類似点を探すのが基本**です。つまり、共通点を見つけるのです。

風味や香りが似ているものを合わせると、自然とお互いを引き立て合い、よりいっそうおいしくなります。

例えば、燻製した料理（スモークチーズ、スモークサーモン、燻製卵、ベーコンなど）は、樽の香りがするワインとよく合います。お互いに香ばしいロースト香を感じるという共通点があります。

香草（バジル、ローズマリー、タイム、大葉など）を使った料理には、ハーブの香りがするワインと合わせます。

香辛料（ブラックペッパー、ショウガ、ニンニク、クローブ、ナツメグなど）の利いたスパイス料理には、スパイシーなワインと合わせます。

●調味料と合わせる

同じ素材を使っていても調味料によって合わせるワインは変わります。

・白ワインに合うもの……レモン、ゆず、すだち、酢、マヨネーズ

・赤ワインに合うもの……醤油、ソース、味噌、ケチャップ

焼き鳥にたとえると、塩、胡椒は白ワインで、タレは赤ワインとなります。

トンカツでたとえると、レモンをかけて塩やポン酢で食べる場合は白ワイン、ソースや味噌をかけると赤ワインとなります。

●お互いに持っていない要素を合わせる

ワインをソースや調味料として考え、味の中和をイメージします。

大胆に言えば、料理にワインをかけるということです。

例えば、焼き魚や牡蠣にレモンやすだちをかけるように、柑橘系のワインと合わせます。

唐辛子の利いた辛い料理には、甘めのワインと合わせます。甘口ワインが辛さをやわらげてくれます。ブルーチーズにハチミツをかけるイメージで、塩気のあるブルーチーズにはハチミツのような極甘口の貴腐ワインと合わせます。

料理のクセをワインの味わいが消してくれる場合もあります。

私はお腹いっぱいになると、タンニンの強い赤ワインが飲みたくなります。なぜなら、赤ワインの渋みは脂分を流してくれるので、スッキリするのです。

脂の乗ったお肉を食べるときは、タンニンの強いワインと合わせれば、脂分を流してさっぱりと食べることができます。

さっぱりするといえば、泡も効果的です。串揚げや天ぷらなどの揚げ物にシャンパンやスパークリングワインを合わせると、油分をきれいに流してくれます。

●地元料理とその土地のワイン

同じ土地で作られた料理とワインを合わせます。フランス料理ならフランスワイン、イタリア料理ならイタリアワインを。もっと細かく地域で合わせると、よりいっそう相性が良くなります。

ブルゴーニュ料理ならブルゴーニュワイン、例えば、コック・オー・ヴァン（雄鶏の赤ワイン煮）には「ジュヴレ・シャンベルタン」。トスカーナ料理ならトスカーナワイン、例えば、ビステッカ・アッラ・フィオレンティーナ（牛肉の炭焼きTボーンステーキフィレンツェ風）には「キャンティ・クラシコ」という具合です。

ワインと料理のまずい組み合わせを試すべし！

ワインと料理の良くない組み合わせを試しておくと、勉強になります。

- 別々に食したら感じてなかったのに、合わせることによって嫌な部分、欠点を引き出してしまう。例えば、生臭さを感じるなど。
- 料理とワインのどちらかの味が強すぎて片方の味が消えてしまう。
- お互いの味がそのままで何も変化しない。

家庭料理とマリアージュ

では、家庭料理と合うワインを一気に見ていきましょう。

●焼肉

ロースやバラ肉には、「カベルネ・ソーヴィニヨン」や「シラー」など、しっかりした赤ワインが合います。ブラックペッパーで食べるならスパイシーな「シラー」、甘いタレなら果実味豊かな「メルロー」や「テンプラニーリョ」がオススメです。ホルモン系には野生的な「ピノ・ノワール」が合います。

●お好み焼き

果物の甘みのあるソースには、果実味のある赤ワインが合います。ソースに胡椒が利いているので、ジューシーでスパイシーな「テンプラニーリョ」や「プリミティーヴォ」「ジンファンデル」が合います。

●餃子

ニンニクが利いているので香り高くスパイシーな白がいいでしょう。「ゲヴュルツトラミネール」が合います。

◉鍋料理

家でみんなが集まるときの定番はやっぱり鍋ですよね。鍋料理のタイプによって合わせるワインが変わってきます。

- **白湯（豆乳鍋・もつ鍋）**……コクのある白ワイン「シャルドネ」「ピノ・グリージョ」など
- **塩味・和風だし（水炊き・ちゃんこ鍋・おでん）**……さっぱりした白ワイン「ソーヴィニヨン・ブラン」「リースリング」「甲州」など
- **トマトベース（トマト鍋・洋風鍋）**……辛口ロゼワイン、軽めの赤ワイン、酸のある赤ワイン「ピノ・ノワール」「ガメイ」「サンジョベーゼ」など

●キムチベース（キムチ鍋・チゲ鍋）……辛口、やや甘口ロゼワイン、スパイシーな白、赤ワイン「ゲヴュルツトラミネール」「ヴィオニエ」「シラー」「ガルナッチャ」など

●甘辛しょうゆベース（すき焼き）……果実味のある重めの赤ワイン「テンプラニーリョ」「ジンファンデル」「シラーズ」など

●味噌ベース（牡蠣の味噌鍋・ぼたん鍋）……コクのある赤ワイン「カベルネ・ソーヴィニヨン」「メルロー」など

それぞれの家庭料理と合うワインは特徴だけではピンとこない人のために、ブドウ品種を出してみました。スーパーにも置いてあるようなメジャーな品種ばかりですから、家で気軽に試してくださいね。

飲みかけワインの保存方法と二次活用術

ワインは開けても意外と大丈夫

多くの人が「ワインは開けてしまったら、早く飲みきらないといけない」と思っているのではないでしょうか？

それは、栓を開けるとワインが空気に触れ、酸化して果実味が失われてしまうから。

しかし、ほとんどのワインは、数日程度なら平気なものです。むしろ**時間が経った**

ほうがおいしくなっていることもあります。

デキャンタを考えてみてください。デキャンタは、わざとワインを空気に触れさせることによって、開かせておいしくさせます。

主にヴィンテージの古いものや高級ワインに行なう作業ですが、それ以外のワインでもおいしくなることがあります。

例えば、硬くて飲みにくかったワインが、次の日に飲んでみるとまろやかになって香りが出てくることがあります。これは、空気に触れることで丸くなり、飲みやすくなったのです。

このように開栓してすぐよりも、時間が経ったほうがおいしいということもあるのです。

どちらがいいかは、ワインのタイプによって異なります。また、ワインの日持ちもタイプによって違ってきます。

目安として長持ちするのは、赤の場合、タンニンが若くて強いもの。次に酸が少なすぎないもの。白の場合は、酸のしっかりしたものです。

通常、赤ワインのほうが日持ちするように思われがちですが、**白ワインのほうが日持ち**します。それは、変化する要素があまりないからです。

赤は白に比べて酸が少なく、いずれなくなるタンニンという要素を持っています。強いタンニンは熟成しなければおいしくならないので、赤の熟成がよく取り上げられます。

しかし、減るものがない白（特に酸のしっかりした白）は、永遠の寿命があると言っても大袈裟ではありません。具体的な品種では、「リースリング」と「シュナン・ブラン」が当てはまります。

ワインは栓を開けた瞬間、空気に触れたときから酸化していき、少しずつ味が変わっていきます。変化を楽しむのも、ワインの魅力の1つなのです。

残ったワインの保管方法

一度開けて残ったワインは、**栓を締めて冷蔵庫で保管**します。ワインは、空気に触れると酸化して味や香りが逃げていきますので、栓はしっかりと締めましょう。スクリューキャップならそのままキャップを締めます。コルクならコルクを逆さ向きにねじ込んでおけば大丈夫です。

また、シュポシュポとポンプで空気を抜くものや、被せるだけで酸化の進行を遅らせる簡単な保存器具は便利なのでオススメです。

・**ワイン&シャンパン兼用ポンプ**……レバーを切り替えるだけで、1つのポンプでワイン保存にもシャンパン保存にも使える優れもの。ワイン用は、ボトル内の空気を吸い出して真空化します。シャンパン用は、ボトル内の空気を加圧し、炭酸の放出を抑えます。

・アンチ・オックス……ボトルの口にかぶせるだけのキャップなのですが、キャップの中にカーボンフィルターが内蔵されていて、酸化の原因となる揮発性成分と酸素の接触を抑制してくれます。

そんなのめんどうと言う人は、ペットボトルにワインを移し替え、空気に触れる面積を少なくして、冷蔵庫に入れましょう。

要するに、空気に触れなければ、酸化を遅らせることができるのです。

余ったワインの賢い活用術

飲んでみて香りや味わいが失われてしまったワインは、ワインカクテルや料理に使うのがオススメです。

ワインを炭酸水やジュースで割ったり、フルーツで漬け込んで、サングリアやホットワイン、ワインスプリッツァに大変身させてみましょう。

その他に、ワインには魚や肉の臭みを取り、柔らかくする効果があるので、料理の下ごしらえに活用できます。

◎**白ワイン**……白身の魚、鶏肉

◎**ロゼワイン**……豚肉

◎**赤ワイン**……赤身の魚、牛肉

また、香りや味にコクを出す効果もあるので、ソース、蒸しもの（あさりやムール貝のワイン蒸しには白ワイン）、煮込みなどにも活用できます。

◎**白ワイン**…クリームソース、オイルソース、バターソース

◎**赤ワイン**…ステーキソース、ハンバーグソース、デミグラスソース

煮込み料理に加えるのも定番です。

◎**白ワイン**…ポトフ、チーズフォンデュ
◎**赤ワイン**…カレー、ビーフシチュー、牛肉のワイン煮

料理酒の代わりにどんどん活用してくださいね。

浴槽に余ったワインを入れて「ワイン風呂」にする

ワイン風呂は、ワインの香りで心が癒されお肌はしっとり。血行促進と美肌効果も

あります。ワイン風呂がある温泉宿もありますよね。

ワイン風呂の作り方は、とてもシンプルです。ワインは白、ロゼ、赤なんでもOK。お湯を張った浴槽に、ワインを100～300ml注ぐだけです。


いかがでしたか？

家飲みでのワインの扱いがわかれば、ワインをおいしい状態で楽しむことができます。

それに、ワインを無駄にしなくても良くなるのでうれしいですよね。焼肉、鍋パーティやたこ焼きパーティなど、家飲みを満喫してください。

〈著者プロフィール〉

竹内香奈子（Kanako Takeuchi）

ワインコンサルタント。日本ソムリエ協会認定「ソムリエ」。「mista」店長。パールダッシュ所属。
今まで8000人以上のワインを提案し、お店のワインプロデュースは600店舗を超える。現在、業界内外の大型ワインイベントの審査員を務めるなど、消費者のみならず、ワイン業界・飲食業界のプロたちからも助言を求められ、幅広い層にワインの良さを広める活動を行なっている。今、業界大注目のワインコンサルタント。「ワインをもっと身近に気軽に飲める」がモットー。

男のためのハズさないワイン術

2017年11月19日　初版発行
2017年12月1日　二版発行

著　者　竹内香奈子
発行者　太田　宏
発行所　フォレスト出版株式会社
〒162-0824 東京都新宿区揚場町2-18　白宝ビル5F
電話　03-5229-5750（営業）
03-5229-5757（編集）
URL　http://www.forestpub.co.jp

印刷・製本　中央精版印刷株式会社

ISBN978-4-89451-974-9　Printed in Japan

男のための
ハズさないワイン術

読者の方に限り
特別プレゼント

ここでしか手に入らない貴重な情報です。

「1000円以下のコスパワイン」ほか
未公開特別原稿4本！

（PDF ファイル）

著者・竹内香奈子さんより

本書で掲載できなかった「1000 円以下のコスパワイン」「ビジネスで使えるワインリスト」「著名人が所有するワイナリーのワインリスト」「話のネタになるワイングッズ」という計 4 本の未公開特別原稿をご用意しました。本書の読者限定の特別無料プレゼントです。本書とともに、仕事にプライベートにぜひお役立てください。

特別プレゼントはこちらから無料ダウンロードできます↓

http://2545.jp/takeuchi/

※特別プレゼントは Web 上で公開するものであり、小冊子・DVD などをお送りするものではありません。
※上記無料プレゼントのご提供は予告なく終了となる場合がございます。あらかじめご了承ください。